主宰人類興亡的推手

改變世界的微生物與傳染病

Microbes & Infectious Diseases

左卷健男／編著　鍾嘉惠／譯

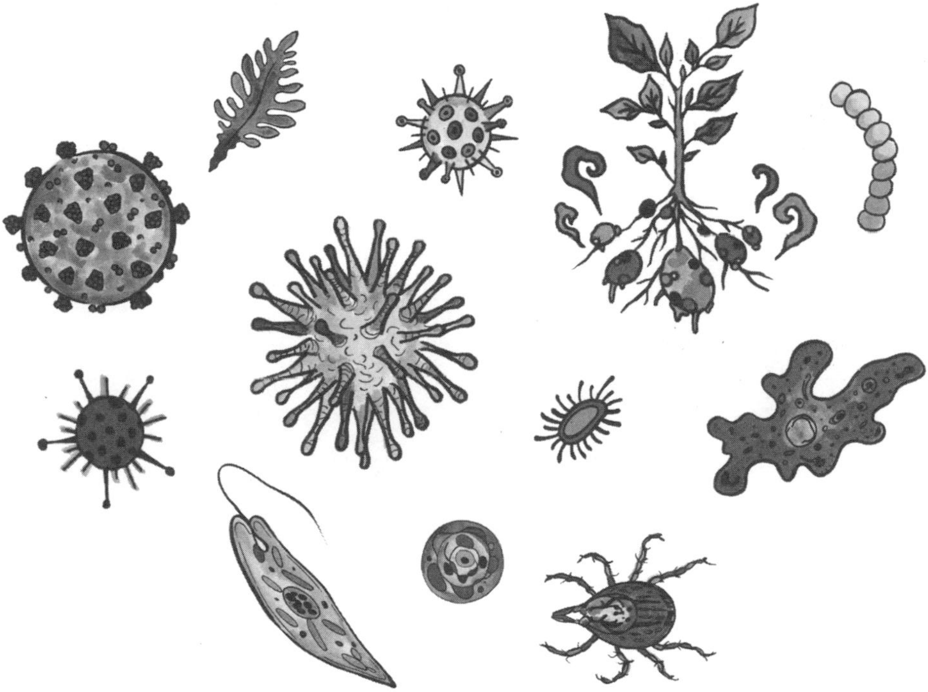

前言

此刻，我在中國武漢市發現的新型冠狀病毒感染症大流行（世界性流行）之際，執筆寫這篇稿子。

新型冠狀病毒和引起SARS（嚴重急性呼吸道症候群）、MERS（中東呼吸道症候群）等症狀類似普通感冒的「冠狀病毒（CoV）」均屬同類。SARS和MERS的病毒在發現當時也被視為新型冠狀病毒，並跨越國界流行開來。不過，當時在日本感染並未擴大。

流行性感冒也是如此，人類至今已經歷過多次的傳染病大流行。

人具有健忘的一面。

然而，天災和引發大流行的傳染病會在人們已遺忘之時降臨。

這次新型冠狀病毒的大流行正是在人們已遺忘時侵襲全世界。今後未必不會再有第二個、第三個新型冠狀病毒出現。

於是我想以淺顯易懂的方式寫一本書，從根本入手，去思考引發傳染病的微生物、傳染病與人類之間的關係，不論是學過高中自然科的人，就連國中自然科成績不好的讀者也能看得懂。

因為我認為時時回到原點、鞏固基礎，雖不起眼卻是最有效的事，同時也有助於防患未然。

第一個發現微生物的人，是十七世紀荷蘭的科學家雷文霍克（Antonie Philips van Leeuwenhoek）。

他自製顯微鏡，發現這世界存在無數的細菌或黴菌等唯有用顯微鏡才能看到的生物，並公開發表。

之後到了十九世紀末，研究人員在感染菸草花葉病的菸葉上，發現了用普通顯微鏡看不到的濾過性病原體（病毒）。

回顧人類的歷史可知，我們歷經漫長的狩獵時代，在大約一萬年前開始農耕和畜牧。不過，傳染病卻因而由家畜傳染給人類，逐漸傳播開來。

單看古埃及時代，第十八王朝的石碑上便繪有單腳萎縮、麻痺，拄著枴杖的人物，從症狀看來，推測應是罹患了小兒麻痺。除此之外，西元前一一五七年去世的拉美西斯五世的木乃伊，皮膚上也可見一個個因天花造成的疤痕。

即使到了十八世紀，人們依舊不清楚傳染病的成因，許多人皆死於傳染病。當時普遍認為是汙濁的空氣和水所產生的瘴氣，或是惡靈的超自然力量導致人生病。因此人們一下子忙著驅魔，一下子又忙著獵巫。

要到十九世紀以後，人類才發現引起傳染病的微生物。

事實上，多數的微生物和病毒並不會讓我們生病，幾乎都是無害的。

然而我們卻害怕微生物，視它為可恨的東西。

那是因為我們對微生物的世界幾乎一無所知。

我們在學校上自然課，只學到有關微生物的簡單知識。
舉例來說，國中自然科所學的內容如下：

- 生態系是由生產者、消費者、分解者所組成。利用光合作用製造有機物的植物等為生產者；草食和肉食動物等為消費者；蚯蚓等土壤動物和微生物（菌類、細菌類）會分解生物的屍體等有機物，則為分解者。
- 乳酸菌、大腸桿菌等細菌類中，存在像結核菌這種會引發傳染病的細菌。
- 許多微生物的作用都對人類有益。例如，人們利用微生物會分解有機物的作用，製作麵包、優酪乳等發酵食品。

然而，微生物的世界其實更為遼闊並充滿驚奇。
在地球的生態系中，人類要生存下去，微生物的存在非常重要。
它既是我們的朋友也是敵人。

當被問到「所謂的人類是什麼？」時，若想到常在菌的數量比構成人體的細胞多出好幾倍，我們也可以回答：「是微生物！」

本書以淺顯易懂的方式為讀者進行說明，即使是國中自然科程度的讀者也能全部看懂。

除此之外，我還想把微生物與傳染病描寫得比學校自然科所教的內容更富於想像，即便是在談科學，我也會盡可能以平易近人的方式敘述。

若能盡量做到這一點，那就太好了。

最後，我要向祥傳社全心投入本書編輯作業的沼口裕美女士、編輯綿谷翔先生致上謝意。

二〇二〇年六月　　編著者　左卷健男

主宰人類興亡的推手
改變世界的
微生物與傳染病

目錄

第1章 令人匪夷所思的微生物致病機轉

第2章 竟有這麼多！人類對抗傳染病的歷史

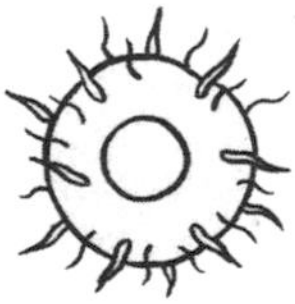

第3章　對我們生活有益的微生物

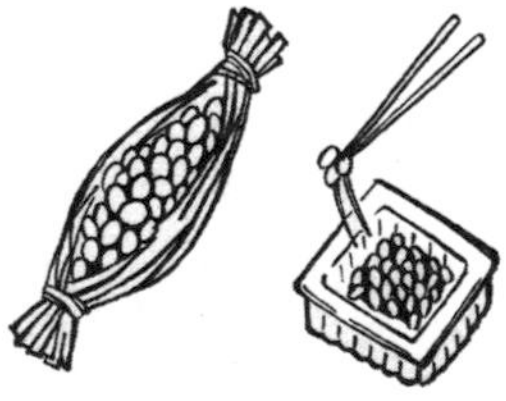

第4章　世界到處都充滿著微生物

內文設計　杉山健太郎
插畫　片山彩乃
編輯協力　綿谷翔
DTP　CAPS

第1章
令人匪夷所思的微生物致病機轉

1 傳染病到底是什麼？

傳染病是「會傳染」的疾病

所謂感染症指的是病毒或細菌等病原體侵入體內後繁殖增生，導致出現發燒、腹瀉、咳嗽等症狀的疾病。只是病原體進入體內並不算是感染。病原體進入體內後開始繁殖，漸漸出現一些不舒服的症狀時，才能算是「罹患感染症」。

感染症包含具傳染性、會人傳人的傳染病，例如破傷風等，以及不會人傳人，而是經由傷口感染的非傳染性感染症。若要大致分類，則有以下幾種方式。

【依感染途徑分類】

A.人傳人感染

①接觸感染

②飛沫感染（吸入因咳嗽或打噴嚏等而飄散在空氣中的病原體後感染）

B.經由動物或食物感染

①存在於土壤中等處，經由傷口之類感染

②因為被叮、被咬而感染

③經由食物感染

【依病原體分類】

A.由病毒引起

天花、西班牙流感和亞洲流感等流行性感冒、愛滋病、新型冠狀病毒肺炎、日本腦炎等

B.由細菌或黴菌引起

鼠疫、痢疾、傷寒、白喉等

C.由寄生蟲或原蟲引起

瘧疾、血絲蟲病等

D.其他

恙蟲病、流行性斑疹傷寒等

自古以來，傳染病一直威脅著人們

若說人類的歷史是一段不斷受到傳染病威脅的歷史也不為過。十三世紀的漢生病、十四世紀的鼠疫、十六世紀的梅毒、十七世紀的流感、十八世紀的天花、十九世紀的霍亂和結核病，不勝枚舉。

尤其是在十四世紀流行的鼠疫，造成當時歐洲總人口的大約三分之一死亡。名為歐洲的世界因鼠疫而完全停滯。一旦染上這種病，皮膚會因為內出血而發黑，所以又被稱為黑死病，令人十分畏懼。

邁入二十世紀後，流感等疾病在以歐洲為主的地區發生大流行，之後世界各地還出現伊波拉病毒感染、愛滋病、腸道出血性大腸桿菌感染症等「新興傳染病」，並隨著人的移動擴散到全世界。

更甚的是，到了二十一世紀，SARS（嚴重急性呼吸道症候群）、新冠肺炎這類新興傳染病大流行，現在依然在危害全世界的人。

新興傳染病中由病毒引起的傳染病逐漸增多。此外，結核病、瘧疾等過去曾對人類造成威脅的傳染病也已顯現再次流行的徵兆。

大流行病的死亡人數排行榜

二〇二〇年三月十一日，世界衛生組織（WHO）針對新型冠狀病毒感染擴大明白地表示「可視為已在全球大流行（Pandemic）」。所謂的大流行病，意指在全球廣泛流行的感染症（傳染病）。世界衛生組織祕書長譚德塞在那場記者會中的說明如下：

「中國以外地區的感染人數在過去兩週內暴增為十三倍，發現感染者的國家數量也增為原來的三倍，並有四千二百九十一人喪命。預料今後幾週數字還會進一步攀升。基於這個理由，我們認為新冠肺炎已經是大流行病。」

WHO的擔憂在那之後成真了。根據美國約翰・霍普金斯大學系統科學與工程中心的統計，截至二〇二〇年六月二十三日為止，全球新型冠狀病毒的感染人數已突破九百萬人，死亡人數超過四十七萬人。日本的死亡人數在二〇二〇年六月二十三日為止是九百七十八人，相較於其他國家確實算少，但不論在全球任何一個國家，情況可說依舊嚴峻，無法預料。

若要將過去讓人類陷入恐慌的大流行病，依照死亡人數多寡排出一到九名，結果便如下：

第一名：鼠疫（死亡人數兩億人，一三四七～一三五一年）
第二名：天花（死亡人數五千六百萬人，一五二〇年）
第三名：西班牙流感（死亡人數四千萬～五千萬人，一九一八～一九一九年）
第四名：鼠疫，在東羅馬帝國流行（死亡人數三千萬～五千萬人，五四一～五四二年）
第五名：愛滋病（死亡人數兩千萬人以上，一九八一～二〇〇〇年）
第六名：鼠疫，十九世紀在中國和印度流行（死亡人數一千二百萬人，一八五五年）
第七名：鼠疫，在羅馬帝國流行（死亡人數五百萬人，一六五～一八〇年）

第八名：鼠疫，十七世紀的大瘟疫（死亡人數三百萬人，一六〇〇年）

第九名：亞洲流感（死亡人數一百一十萬人，一九五七～一九五八年）

…

第十四名：新冠肺炎（死亡人數四十七萬二千五百三十九人，二〇二〇年六月二十三日）

人類自遠古以來遭受過無數傳染病的威脅。在原因不明，治療法也未被確立的時代，大流行病造成的影響幾乎每每改變世界歷史。

一直要到十九世紀中葉以後，人類才總算漸漸搞清楚引發傳染病的病原體真面目，以及對付傳染病的方法。那之後，傳染病所造成的死亡人數便大幅銳減。

不過自一九七〇年左右開始，出現以前不為人知的「新興傳染病」，或過去曾經流行的傳染病雖然一度沉寂，如今又再次出現的「再興傳染病」，都是問題。

傳染病具有不費吹灰之力就能改變世界的力量。理解傳染病是讓我們放心生活在這世界上的第一步。在本章中，我想先談傳染病出乎意外不為人知的一面。

二〇二〇年六月執筆的當下，我忍不住祈禱令全世界人們不寒而慄的新冠病毒疫情能早一日平息。

2 人類靠疫苗成功戰勝許多疾病？

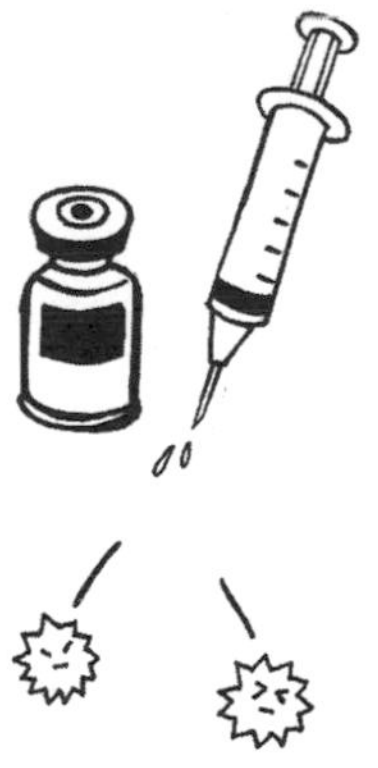

現代種類多樣的疫苗

儘管全世界皆是如此，日本的許多習俗也反映出疾病的歷史。一般認為，嬰兒出生後三十天左右要前往神社參拜，這是新生兒經常於初期死亡的時代所留下的影響；七五三節也是在傳染病導致多數幼兒喪命的年代，為了慶祝小孩子平安長大而舉行的儀式。

小嬰兒一旦出生，差不多滿月以後就要開始施打預防針。這是預防接種相關法規的規定，稱為定期接種。即被稱為A類疾病的Hib（流行性感冒嗜血桿菌）、肺炎鏈球菌（13價結合型）、B型肝炎、DPT-IPV（白喉、百日咳、破傷風、不活化小兒麻痺疫苗）

等疫苗。滿一歲後開始接受MR（德國麻疹、麻疹）、水痘、日本腦炎等預防接種[1]。

我想應該也有人很想知道：既然確實會有我們不曾聽過的疾病，那真的有必要打這麼多預防針嗎？不必擔心副作用嗎？

人類成功根絕了天花

在種種疾病中，「天花」是奪走眾多人命的疾病之一。又稱痘瘡、痘瘡等，許多歷史人物皆受到它的影響。日本天平年間[2]奪走藤原氏等多位貴族的性命，以及奪走伊達政宗的視力的都是天花。

相信也有不少人聽過，預防接種是始於愛德華・金納（Edward Jenner，一七四九～一八二三年）的牛痘接種術。他基於「得過牛隻才會感染的疾病——牛痘的人不會感染天花」的假設，故意讓僕人的兒子感染牛痘，用這樣的手法才開發出天花疫苗。

疫苗（vaccine）之名來自牛痘的學名*Variolae vaccinae*（牛的天花）後半部的vaccinae（牛）。

由於保健工作的進步，使得牛痘接種得以普及，並能確實掌握感染者，也因此，

WHO在一九八〇年宣告天花業已絕跡。這是少數經由人類成功消滅、並為世界帶來改變的疾病之一。

活性疫苗與非活性疫苗的差異

金納的牛痘疫苗使用的是毒性低的活病毒。這樣的疫苗被稱為「活性疫苗」。培養具備繁殖能力的病原體（病毒或細菌），選出致病性低的加以利用。

由於製造出與感染相同的狀態，因此可以獲得很強的免疫力，但其反面是有可能發生副作用。以過去日本所使用的小兒麻痺活性疫苗來說，便曾發生使用後病毒在體內的致病性增強，因而引發小兒麻痺症的情況。

為了消除這種副作用而開發出的是「非活性疫苗」。就是用苯酚或福馬林等藥品

1：此為日本情況，關於台灣嬰幼兒的預防接種，請至衛生福利部疾病管制署網站（https://www.cdc.gov.tw/）查詢。

2：日本奈良時代聖武天皇的年號，大約是西元七二九～七四九年。

處理病原體，讓它變得能增強免疫力但不具致病性。有時也會在處理後提取病原體的一部分使用。流感、肺炎鏈球菌（提取多醣體）等的疫苗即為這一類。破傷風和白喉的疫苗則是取病原體的毒素成分，去除其活性後當作疫苗使用，目的是增強對毒素的免疫力。非活性疫苗使人體產生免疫的能力比活性疫苗來得弱，有些還必須多次接種。

新疫苗

隨著科學家對免疫機制的研究和分子生物學的發展，現在我們已經能製造出更為優良的疫苗。

B型肝炎疫苗是利用基因重組技術，只將會引起免疫反應的部分製成疫苗，被稱為基因重組次單位疫苗。現在小嬰兒施打的Hib疫苗則是以細菌具有的多醣體加工製成，讓多醣體與蛋白質結合，使嬰幼兒也能獲得免疫力。

疫苗要接種在健康的人身上，因此被要求副作用少、安全性高。為了確認安全性和效果有必要進行臨床試驗，又稱為治驗，比較投藥組與安慰劑組的情況，藉以確定疫苗真的有效。

為了開發對抗新疾病的疫苗，科學家必須在該疾病的流行地區，針對尚未染病的人進行臨床試驗。這對新的疾病來說相當困難，因此新疫苗的開發並非易事。

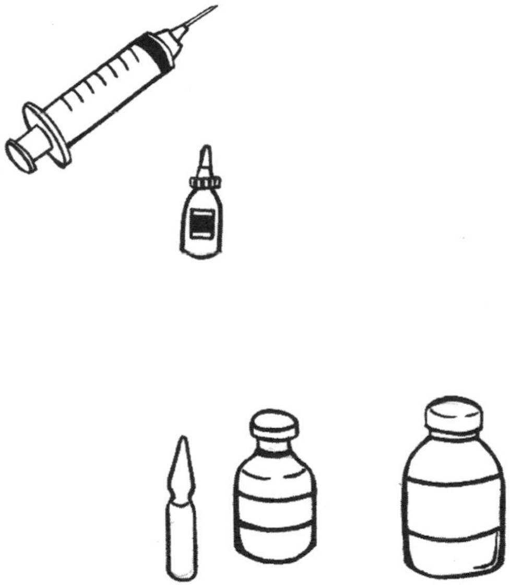

具有保護社會的作用

疫苗是要防止個人生病，同時也藉由減少染病人數來預防疾病流行。而疾病的大流行也會讓具有免疫力的人增加，一般認為當比例達到兩成左右，流行便結束。然而一旦放任疾病流行，過程中便會出現許多重症化或因而死亡的犧牲者。

疫苗是以增加未染病且獲得免疫的人來防止疾病傳播，即使感染了也能抑制發病和重症化。藉由減少四周具傳染力的人來保護社會免受疾病侵襲。

現在我們定期接種的疫苗中，有些疾病在國內只有少數病例。不過要知道，在國外未實施定期接種的地區，至今仍然有許多人，主要是幼兒，因為這些疾病喪命。

有疫苗卻未減少的疾病

在日本，德國麻疹和麻疹的流行三不五時便會發生，但兩者都是已經開發出疫苗的疾病。

懷孕中的婦女若感染德國麻疹，胎兒有可能得到先天性德國麻疹症候群，但因國家施策的偏差，現在四、五十歲的男性接種率很低，因此防止不了流行。目前已有專家呼籲追加接種，特別是想要懷孕的女性及其配偶，更要積極施打疫苗。

此外，預防子宮頸癌的疫苗因媒體過度報導其副作用，使得積極性接種被喊停。為此，估計未來可能會有數萬人罹患子宮頸癌。

期盼政府能恢復積極性接種，並採取相關措施，將免費接種對象擴大到未接種的世代和男性等。

3 人類能戰勝傳染病全拜抗生素之賜？

盤尼西林的發現

我們常說「失敗為成功之母」，而實際體現這句話的是發現「盤尼西林」的亞歷山大・弗萊明（Alexander Fleming，一八八一～一九九五年）。

第一次世界大戰時，弗萊明以醫師的身分從軍，目睹傷兵一個接一個因傳染病倒下，於是埋首研究抑制傳染病的藥劑。不過他似乎不太擅長整理內務，研究室十分凌亂，研究環境也很難算得上是乾淨。

細菌的培養很怕混入其他細菌，因此會使用無菌室或經過滅菌處理的器材，而操作中未免唾液噴濺則會戴上口罩，盡量避免對話、聊天。

然而，弗萊明卻對著細菌培養皿打了噴嚏。幾天後，他注意到只有噴嚏濺到的地方細菌減少了。顯然是唾液裡的某種成分讓細菌的數量減少。

一九一九年，弗萊明發現那種成分就是「溶解酶」。溶解酶是一種酵素，除了唾液之外，人的淚液、鼻水、母乳等也含有這種成分，屬於天然的抗菌物質。它會溶解細菌的細胞壁，現在也被廣泛用來治療感冒等疾病。

那之後過了將近十年，一九二八年弗萊明進行葡萄球菌的培養，過程中不慎讓培養基長出青黴菌。弗萊明觀察該培養基，發現青黴菌周圍的葡萄球菌已經溶解。青黴汁中所含的物質便以青黴菌的屬名Penicillium來命名，即「盤尼西林」。這是全世界第一個抗生素。

熱門電視劇也描繪過提煉盤尼西林的困難

曾被拍成電視劇的漫畫《仁醫》（村上紀香、集英社，中譯《仁者俠醫》、東立出版）裡，穿越時空來到江戶時代的醫師提煉出盤尼西林後大展長才，然而現實中，盤尼西西林的提煉非常困難。弗萊明本身並未能精製出高純度的盤尼西林，他的發現被原封不動地擱置了十年以上。

到了一九四〇年，霍華德・弗洛里（Howard Walter Florey）和恩斯特・伯利斯・柴恩（Ernst Boris Chain）發現了精製的方法（被稱為盤尼西林的再發現），在第二次世界大戰中，大量生產的盤尼西林挽救了許多士兵的性命。

英國首相邱吉爾也因磺胺劑撿回一命

抗生素來自生物界，但人類慢慢發現，人工合成的物質中有些也具有抗菌作用。有時候我們會把這樣的物質稱為抗菌劑，與抗生素加以區別。「磺胺劑」即是其中的代表。

以《搶救雷恩大兵》為代表、描寫第二次世界大戰的戰爭片中，便有出現醫護兵將大量粉末撒在受傷士兵的傷口上的場景，那就是磺胺劑。對於愛看漫畫的人，若說是《Dr. STONE》（原作：稻垣理一郎、作畫：Boichi、集英社，中譯《Dr. STONE 新石紀》、東立出版）的主角合成的藥物，也許更容易理解。

磺胺劑會抑制葉酸這種胺基酸的合成，藉以阻礙細菌合成DNA。它相對較易合成，又具有顯著功效，挽救了許多的人命。英國首相邱吉爾也是因磺胺劑而得救的其中一人。第二次世界大戰中，罹患肺炎的邱吉爾多虧了磺胺劑才能活下來。假使沒有磺胺劑，大戰恐怕會迎來不同的結局，也許現在英國這個歷史悠久的國家已不存在。

現在，我們使用的抗生素種類繁多。在前述的盤尼西林之後被開發出的頭孢子菌素（Cephalosporins）類藥物，隨著抗藥性菌的出現和對象病原菌的變化，已開發出第一代到第四代。各位是否有注意到，最近幾年醫院愈來愈少開抗生素給病人了？

二〇五〇年將超過癌症？

根據日本厚生勞動省的資料，二〇一三年全世界因抗藥性菌而致死的人數，保守估計至少七十萬人。如果不採取任何對策，任由抗藥性菌增加，二〇五〇年死亡人數有可能突破一千萬人，超過癌症的死亡人數。

一般認為，要是放任抗藥性菌繼續增加的話，未來我們將不能動手術，醫療會有全盤崩壞的危險。

現在，醫師們已減少對病毒性感冒開預防性抗菌劑，或是未經診斷便任意開給病人對多種細菌有效的抗菌劑，試圖藉此減少抗藥性菌的產生。

抗菌劑非常方便好用，效果又好，若能請醫師開立藥物會讓人放心不少，但避免任意開這類藥物，注意衛生情況以減少罹患傳染病，這與守護未來的世代息息相關。

不要只是依賴便利的藥物和醫療，努力去做我們能做的事吧！

4 我們頻頻感冒的原因

何謂感冒症侯群？

各位是否聽過這樣的話：「如果能發明出治療感冒的藥，肯定會得諾貝爾獎」？與我們最切身相關的疾病「感冒」，正確來說是感冒症候群。「流行性感冒」是知道原因的「病名」，而症候群指的是什麼呢？

所謂的症候群，指的是好幾種症狀同時出現的狀態。鼻塞、流鼻水、喉嚨痛或發炎、咳嗽、打噴嚏、發燒……這一類症狀一起出現就是感冒症候群。在醫院，醫師會依狀態診斷為「普通感冒」、「流行性感冒」、「咽喉炎」、「支氣管炎」、「腸胃炎」等。

八到九成的感冒都是由各種病毒所引起。

我們常以為自己感冒了，但其實引發症候群的病毒和細菌很可能每次都不一樣。

感冒症狀的真面目

我們的身體一旦感染了病毒或細菌，立刻會引起各種反應。若是鼻子或咽喉的黏膜受到感染，為了將它排出會大量分泌或排出黏液，因而出現流鼻水、打噴嚏、咳嗽、痰等症狀。鼻塞是指黏膜發炎腫脹，空氣難以通過的狀態。而且為了抑制進入體內的病原體，白血球或T細胞這類淋巴球會增生，產生一些抗體，不久便將病原體驅逐出體外。這就是感冒症狀的真面目。

以發燒為代表的感冒症狀，正是身體在與病原體作戰的信號。身體的主人感受到倦怠感或疼痛這類徵兆便會減少活動，試圖維持體力和恢復健康。一般認為，食慾降低也是為了避免對虛弱的腸胃造成損害。

服用感冒藥後去上班是錯的

若能透過檢查查明生病的原因，有些醫師就會開給病人抑制病原體增殖的抗生素或抗病毒藥。

那麼，藥房等處販售的綜合感冒藥又是什麼藥呢？

這叫做對症療法，總之就是抑制症狀的藥物，將退燒鎮痛劑、消炎藥等調配而成的藥。換句話說，它是抑制症狀發生而非治療，雖然會讓人覺得比較舒服，但致病菌或病毒並未減少。

一外出走動就會把疾病傳染給周遭的人，所以服用感冒藥後去上班之類的處理方式是錯誤的。假如症狀輕微，不需要查明病原體予以治療的話，最好的做法是好好休息以免傳染給其他人，等待身體痊癒。

再者，檢查並非百分之百準確，實際上確實會有明明得了流感，檢查結果卻是陰性（偽陰性），或是明明未感染卻呈陽性反應（偽陽性）的情況。以前的潮流是透過檢查決定可否上學、上班，但考量到這類檢查的特性，現在也有人認為需要改變做法，輕症的話可以不必接受診斷在家休養，或是透過診斷而非檢查來確認感染，不要浪費醫療資源等。

變異與二度感染

我們三不五時便會感冒還有另外一個原因，就是致病病毒的變異速度很快。所謂的免疫是對蛋白質和糖鏈的結構形成免疫，因此一旦蛋白質和糖鏈的結構改變就會受到感染。

不過現在我們漸漸了解到，似乎還有其他的機轉。與病原體作戰過的免疫細胞會在體內沉睡，下次再遇到同樣的病原體時，便能很快識別並發動攻擊。這稱之為適應性免疫的長期記憶，隨著新型冠狀病毒感染症研究的進展，我們也慢慢得知有些案例雖然復元，但似乎並未產生足夠的抗體，沒有適應性免疫的長期記憶。有些病毒似乎會感染免疫細胞，阻礙免疫記憶的形成。若是這種病毒，很遺憾的，確實就會反覆感染同樣的病毒。

除此之外，我們也慢慢得知無症狀的感染者比以往認為的要多。光是控制住已經出現症狀的人並不夠，還要進行充分的檢查，或者即使無症狀也要視為感染者並有所行動等，社會的應對方式、對抗疾病的方法正開始大幅度地轉變。

5 何謂對抗傳染病的免疫機制？

保護人體免受無數病原體侵入的免疫系統

人體具有防範病原體侵入和繁殖增生的機制。我們稱這套機制為「免疫系統」。免疫一詞帶有「免除（逃離危險）疫病（疾病、瘟疫、傳染病）」的意思。人之所以不會輕易生病，就是因為擁有可以消滅侵入人體的細菌、病毒等病原體的機制——免疫系統——的關係。

免疫系統包含我們天生具備的原始機制「先天性免疫」，和出生後從遇到各種病原體的經驗中獲得的「適應性免疫」兩種。處在同樣的環境裡有人生病、有人不會生病，就是因為免疫力的強弱有別的關係。

第一道防禦——先天性免疫

我們身體的表面擁有皮膚這道屏障。皮膚有如石砌的城牆般，可以防止來自外部的侵入者，位於皮膚最外側的表皮一直保持弱酸性，藉以阻礙附著在表皮上的微生物增生。

另外，身體的內側如鼻腔、咽喉、消化道等部位，還有另一道屏障叫做黏膜。黏膜表面會分泌含有大量抗菌蛋白質的黏液，並藉由黏液的流動沖刷掉汙染物質。

不過視情況，還是會有病原體侵入血液和體內的組織。病原體的侵入會引起局部發炎。率先趕到發炎部位的是一種叫做嗜中性球的白血球。

嗜中性球平常會順著血流巡迴全身各處，不過一旦發生緊急事態，便會紛紛往病原體侵入的部位集結。稍晚趕到的是巨噬細胞。巨噬細胞也是白血球的同類。

嗜中性球和巨噬細胞都被稱為吞噬細胞，它們會緊咬著細菌、病毒這類病原體，將其一一吞食。

吞噬細胞和病原體誰贏誰輸，純粹取決於各自的數量和戰力。打完仗留下的是雙方的殘骸——膿。

如果吞噬細胞在這場戰鬥中獲勝，事情便結束了，然而天底下可沒有這麼便宜的事。倘若侵入的病原體戰力強大或吞噬細胞寡不敵眾，病原體便會氣勢大增並開始在體內增殖。

第二道防禦——適應性免疫

這時緊接著大顯身手的是「樹突細胞」，以及「B細胞」和「T細胞」等淋巴球的夥伴們。

樹突細胞是像變形蟲般的細胞，會向外伸出樹枝狀的突起，因而得名。它吞下病原體後會移往淋巴結，將病原體來襲的訊息傳遞給T細胞。

雖然簡單來說都是T細胞，實則依其作用可以分為好幾個種類，像是「輔助T細胞」、「殺手T細胞」、「調節T細胞」。輔助T細胞又有免疫系統的司令官之稱，一旦接收到樹突細胞或巨噬細胞傳來的病原菌訊息，便會分別對B細胞和殺手T細胞發出「製造抗體」和「殺死敵人」的指令。所謂的「抗體」，就是能夠抑制病原體作用的物質。

先天性免疫和適應性免疫的機制

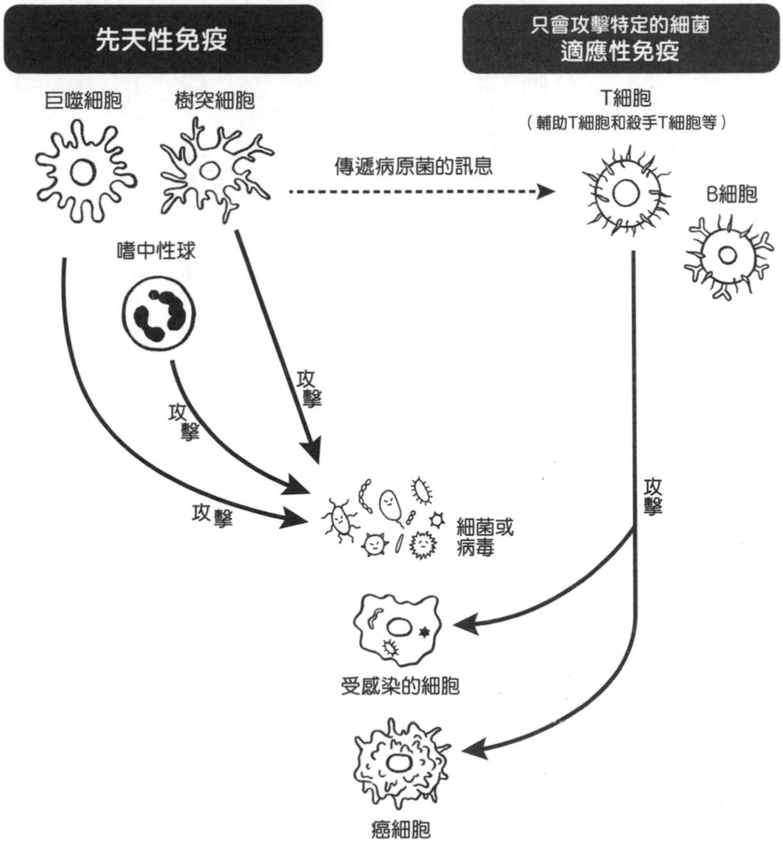

先天性免疫

我們天生具備的免疫機制。白血球之一的嗜中性球、巨噬細胞、樹突細胞等，總之就是會攻擊侵入的病原體（細菌或病毒）。不分對象地發動攻擊，將它們殲滅。

適應性免疫

出生後遇到各種病原體，因而獲得的免疫機制。同為淋巴球之一的T細胞和B細胞，會辨認出對象並加以攻擊。

另一方面，殺手T細胞會找出受病原體感染的細胞，將它們一個一個殺死。把病原體殺光後，調節T細胞就會發出「攻擊結束」的指令。

調節T細胞會抑制殺手T細胞的作用，以免其過度攻擊正常細胞，具有結束免疫反應的功能。最後，T細胞和B細胞會記憶病原體，為下一次的攻擊預作準備。

只要是曾經侵入體內的病原體就會被記住，因此當它再次侵入時，B細胞便會迅速且大量地製造抗體，T細胞也會馬上開始起作用。得過的病不容易再得就是因為這個緣故。

攻擊自己身體的自體免疫疾病

T細胞為血液細胞的同類，和其他血液細胞一樣，都是由骨髓中的造血幹細胞製造出來的，它會先前往位於心臟上方的胸腺，再分化成熟為T細胞。

如果只是攻擊病原體的話，這倒是很好；但要是會攻擊自己身體的細胞，那可就糟了，因此為免演變成這種情況，T細胞會先在胸腺經過篩選。

假使上述的篩選機制失靈，人體便會罹患「自體免疫疾病」。我們已知有多種的自體免疫疾病，包括類風濕性關節炎、重症肌無力症、全身性紅斑狼瘡等。免疫系統是守護我們身體的重要機制，然而一旦失控的話，它也會傷害我們的身體。

6 位居日本人死因前幾名的傳染病——肺炎

維持生命的肺

肺炎位居日本人死亡原因的第五名（二〇一八年）。死亡原因的前五名依序是癌症、心臟疾患、衰老、腦血管疾患、肺炎。細菌或病毒等在肺部引起發炎就是肺炎。

我們無時無刻都在呼吸。從呱呱墜地到死亡為止，片刻不停地呼吸。即使睡著了也繼續呼吸。我們將空氣中的氧氣攝入體內，然後氧氣與營養素在體內結合，製造出生存所需的能量，維持我們的生命。

假如停止呼吸會怎樣呢？呼吸一旦中斷，短則一分三十秒，最長不超過三分鐘，便再也活不過來。

我們吸入的空氣是從鼻子或嘴巴，通過咽喉名為氣管的堅韌管子後進入肺部。肺部有從氣管分支出的支氣管，並不斷分支，愈分愈細。最末端是非常小的囊袋，叫做肺泡。人的肺泡約〇・一～〇・二公厘大，四周布滿了微血管，血管內的血液在此和氧氣、二氧化碳進行交換。

一個成年人的肺泡，左右肺加起來共有幾億個，其表面積合計超過六十平方公尺，以方便血液和氧氣、二氧化碳進行交換。

何謂肺炎？

肺部有時會罹患肺炎。細菌或病毒會從鼻子或嘴巴侵入，經由咽喉進入肺部。健康的人有能力將這些細菌或病毒擋在咽喉，可是罹患感冒、高齡或患有慢性病而造成抵抗力下降時，細菌或病毒就會通過咽喉和氣管侵入肺部，在肺泡繁殖並引起發炎。

肺炎的主要症狀為發燒、咳嗽、咳痰等，與感冒非常類似。肺炎和感冒最大的不同在於發生感染的部位。

感冒主要是鼻子和咽喉等上呼吸道受到致病微生物感染而發炎，相對於此，一般的肺炎主要是肺的內部受到感染，引起肺泡發炎。肺泡一旦發炎，就會感到喘不過氣、呼吸變得急促，有時還會呼吸困難。

最常見的致病微生物是肺炎鏈球菌

致病微生物以肺炎鏈球菌最多，其次為流感病毒等。自二〇一九年開始，會引起嚴重肺炎的新型冠狀病毒感染者在全球各地不斷增加。其實在這之前，進入二十一世紀後，會引發嚴重肺炎的冠狀病毒便開始肆虐，並爆發過多次疫情，二〇〇二年秋天開始是SARS（嚴重急性呼吸道症候群），二〇一二年以來則是MERS（中東呼吸道症候群）。

肺炎鏈球菌主要是附著在兒童的鼻腔和咽喉裡。二五～五〇%健康的人，鼻腔內也存在肺炎鏈球菌。健康的人在肺炎鏈球菌侵入肺部前就會把它擋下來，而若是抵抗力弱的人，肺炎鏈球菌就會侵入肺部引起肺炎。

年紀愈大的人，肺炎死亡風險便愈高，症狀也會急劇惡化。

7 讓甘迺迪當上總統的馬鈴薯晚疫黴

植物的大多數疾病起因於黴菌

不只是動物會受到微生物感染而生病，植物也會。其症狀不一而足。有的會呈現變色，例如葉子枯黃、產生斑點或斑紋等；出現變形，例如肥大、出現瘤狀突起、萎縮等；或是產生腐爛等狀態。黴菌（絲狀真菌）占植物生病原因的七～八成。其他的病原體還有線蟲、細菌、病毒等。

接下來為各位介紹這類因為植物疾病，為改變世界歷史帶來契機的例子。

馬鈴薯的故鄉在安地斯山脈

現代人的主食主要是稻米、小麥、玉米，其次是馬鈴薯，不過，世界各地開始種植馬鈴薯的歷史並不算太長。

若要溯源，馬鈴薯的故鄉在南美的安地斯山脈。安地斯的人們費心栽培，將野生種的馬鈴薯培育成作物。

馬鈴薯傳進歐洲是在十六世紀，哥倫布和皮澤洛等人大為活躍的大航海時代。之後花了一段很長的時間，人們才漸漸明白馬鈴薯是非常好的作物，於是十八世紀以後馬鈴薯普及到全歐洲，對人口增加做出了貢獻。

陷入大饑荒的愛爾蘭的悲劇

在愛爾蘭，領主們只會將狹小的土地交給佃農耕種，榨取佃租。而佃農只栽種一種生產量高的作物。那種作物就是馬鈴薯。

佃農的一大隱憂就是會讓馬鈴薯的莖、葉突然腐爛的不明怪病。一八四四年，那種病更是嚴重肆虐。

一八四五～一八四六年間，英國牧師邁爾斯・伯克利（Miles Joseph Berkeley）利用顯微鏡觀察馬鈴薯的葉子，主張這種病是由大量的絲狀黴菌所引起，但專業的植物學家當他是外行人胡說八道，不理會伯克利的觀察結果，直到一八六〇～一八六一年間，這種說法才得到證實。致病的原因是一種叫做馬鈴薯晚疫黴的黴菌。

愛爾蘭人栽種的馬鈴薯只有一個品種。當時他們尚未開始栽種其他穀物。而那一個品種受到黴菌侵害，演變成了大饑荒。

甘迺迪的祖先遇上了馬鈴薯晚疫黴

馬鈴薯的歉收導致一百萬人以上死亡。愛爾蘭的國土遭到破壞，各種疾病在農村和都市之間蔓延。多數倖存下來的人都為貧困所苦，最後便橫渡大西洋遷居到美國和澳洲。

橫渡大西洋的愛爾蘭人當中，也包括了費茲傑羅家族和甘迺迪家族。無疑的，美國的歷史在這個時候有了新的轉捩點。在美國發現新天地的移民們拚命工作，一點一點地累積財富，並好好地教育他們的孩子。

一九一七年，約翰・F・甘迺迪出生。他接受母親嚴格的教導，最後在一九六一年當選美利堅合眾國的總統。

若不是馬鈴薯晚疫黴引起的「不明怪病」，甘迺迪家族大概不會移民美國，現在仍然在愛爾蘭的土地上過生活。微生物有時就是有這麼大的影響力。

8 最切身的黴菌疾病——香港腳

真菌病是黴菌或酵母菌所引起的疾病

生物學上把黴菌、酵母菌和蕈類稱作「真菌」。而由真菌引起的疾病就是「真菌病」。

真菌病中的代表是香港腳——足癬。

香港腳（足癬）在所有傳染病中發生率最高，一般認為感染者足足超過總人口的大約一〇％。

致病原因是皮癬菌，黴菌的同類。香港腳的感染部位多半在足弓、趾頭根部、趾縫，以及胯下、臉部、軀幹……，只要是皮膚，任何部位都會感染。有時連指甲也會受到感染。就是俗稱的灰指甲。

症狀是紅色斑點，進一步惡化就會出現丘疹、水泡、膿皰（內含膿液的水泡）、糜爛（潰爛）等。

皮癬菌的營養來源是皮膚的硬角質。它一沾附角質層便會立刻分解（溶解）角質，伸出大量的菌絲逐漸成長。感染逐漸加劇則會刺激細胞，讓人開始覺得癢。

發展到這一步，身體也會對突然入侵的異物做出反應，於是出現發炎。發炎處正是白血球和滲出液中的殺菌物質正在攻擊皮癬菌的地方。

這時皮癬菌會忍受生物體的攻擊，等發炎情況穩定下來再伸出菌絲。香港腳可是很難根治的。

香港腳一度治癒後還會再次感染。因為只感染死掉細胞形成的角質層，很難產生免疫。

真菌病是透過人傳人、寵物傳人這一類的途徑傳播。因從事運動等而與人產生身體上的接觸，或與寵物、家畜接觸而感染的情況很常見。

預防香港腳要「洗淨後乾燥」

每天洗澡要用肥皂等清洗，注意清潔。洗完後確實擦乾水分，讓它徹底乾燥。避免共用浴墊、毛巾、拖鞋等，穿著透氣佳的襪子、鞋子。盡可能縮短穿鞋子的時間。

治療藥物分為外用、內服兩種。一般常用的外用藥是Imidazole類抗黴菌藥。市售藥和醫師用藥在成分上幾乎相同。不用說，醫師所開的處方藥，藥效比較強。

甲癬和皮膚增厚、變硬的角化型香港腳，則需要請教醫師，接受內服藥的治療。恐怕要持續服用兩個月以上才會見效。

性傳染病之一的念珠菌症

念珠菌這種真菌平常會飄浮在空中，也會和其他微生物一起棲息在我們的口腔、咽喉、消化道和皮膚等處，為常在菌的一種。

若是健康的身體則完全沒問題，但在癌症治療這類免疫力低落的情況下感染微生物，就可能發病。這就是所謂的「伺機性感染」。

因念珠菌侵入女性陰道而發病的陰道念珠菌感染症，白色黏稠的分泌物會增多，同時伴隨劇烈的搔癢感。由真菌引起的伺機性感染最常見的就是念珠菌症，被歸類為性傳染病之一。

9 滅菌、殺菌、消毒、除菌、抗菌……有何不同？

能消滅到什麼程度？

為了預防微生物造成感染而進行的滅菌、殺菌、除菌、抗菌，到底有何不同呢？這當中，定義最清楚的是滅菌。

滅菌就是將微生物完全消滅。包含非病原體的微生物也全部殺光。當然，要將存在於我們生活周遭的微生物全部消滅是不可能的，真的這麼做的話，負面效應反而更大。所以滅菌的對象只限於手指和手術器具等。

經過滅菌處理後，該標的物上便不再有活的微生物，病毒也會失去活性。微生物最難消滅的是細菌的芽孢。因此一般來說，滅菌就是連細菌的芽孢也殺光。

與滅菌有關的是消毒。消毒比滅菌來得緩和，雖然有時無法殺死芽孢，但普通的細菌等都會死絕。

滅菌、消毒的方法

滅菌常用的方法是高溫殺菌。經常使用的裝置是以接近一二一℃、二蒸氣壓的高溫高壓水蒸氣滅菌的高壓釜。

滅菌時間為十～二十分鐘。微生物研究、醫療現場等，都會用它來為玻璃器具、細菌培養基、紗布、繃帶、金屬製的剪刀或手術刀等滅菌。

有時也會使用和烹飪用烤箱原理相同的滅菌器，也就是將一五〇～一八〇℃的乾燥空氣送入滅菌器中。用一六〇℃滅菌需要兩個小時，用一八〇℃需要約半個小時。

除此之外，還可以利用瓦斯、放射線（γ線）和紫外線滅菌。

消毒的方法則有利用滾水殺死細菌的煮沸消毒，和使用各種殺菌藥物的消毒法。

定義含糊不清的殺菌、除菌、抗菌

殺菌是把微生物殺死的意思，但不包含滅菌定義中「將微生物完全消滅」的「完全」這項條件。把微生物殺死到什麼程度？這部分很含糊。總之只要有讓微生物的量變少就行了。

除菌是把標的物上的微生物除去、使其減少的意思。未必會把病原體殺光。用水洗手、藉由過濾等去除微生物也包含在除菌內。

抗菌指的是長時間不讓製品表面的微生物數量增加，也就是抑制微生物增生。而對於製品表面以外的微生物，則幾乎沒有什麼作用。

經由上述說明可知，滅菌和消毒在醫療上的定義相當清楚，而殺菌、除菌、抗菌則十分模稜兩可。

抗菌產品不見得好

所謂的抗菌產品，就是製品裡摻有消毒劑或具抗菌作用的物質，具備微弱殺菌力的產品。雖然統稱為抗菌產品，但其實種類眾多，效果也不一而足。將成分混入樹脂等原料中製成的產品、在布料中加入該成分的產品、噴霧類產品等，有各式各樣。

具有抗菌作用的廚房用品、浴室用品等，可望使打掃變得輕鬆省事。這些產品因為能抑制微生物繁殖，所以都可帶來防臭等效果。假使是針對衣物具有抗菌作用的產品，便可望防止細菌繁殖，因為這些細菌正是流汗後會發臭的原因。

但另一方面，有些抗菌產品則會基於它們的作用，破壞了與我們共生的常在菌的平衡，反而有造成病原菌侵入之虞。而且殺菌不徹底還可能讓病原菌產生抗藥性。這有可能會使抗生素等藥物變得難以見效。

第2章
竟有這麼多！人類對抗傳染病的歷史

10 新型冠狀病毒的大流行

全球感染人數超過九百萬人

「新型冠狀病毒感染症」是由和SARS病毒非常相似的新型冠狀病毒所引起。

二〇一九年底，中國武漢市開始出現肺炎患者。起初一般認為它就是SARS，感染者有數十人，但現在推測同年的十二月時，實際感染人數可能已超過百人，並在二〇二〇年一月中旬達到五千人。

日本國內從二〇二〇年一月上旬開始也有肺炎病例的通報，但因東京奧運開辦在即，看重觀光客入境旅遊收益的政府，幾乎沒有任何因應措施。因此出現了第一波流行，主要集中在二月初舉辦札幌雪祭迎來眾多訪日遊客的北海道。二月底，北海道知事發布緊急事態宣言，要求民眾減少外出活動。那之後，日本政府採取的措施多半是沿襲北海道的感染防治對策。

歐洲各國起初皆隔岸觀火，三月左右義大利最先傳出疫情，感染從此逐漸擴大，開始實施關閉邊界、禁止外國人入境的措施。

此外，日本主要城市的感染人數也持續增加，繼三月要求各級學校停課後，四月政府發布緊急事態宣言，要求民眾盡量減少外出、餐飲店和商店暫停營業。二〇二〇年六月下旬，全球感染人數超過九百萬人，死亡人數也達到四十七萬人以上。

令人費解的感染控制措施

「鑽石公主號」郵輪的船內感染擴大等，使得日本初期的防疫措施受到世人的嚴厲檢視。

然而，歐美各國即使實施強制的外出禁令，甚至出動軍隊管制，依然阻止不了疫情擴大，反觀日本不過是要求民眾自我約束，感染和死亡人數卻得到了控制，呈現鮮明的對比。

以二〇二〇年五月中旬的數據來比較每一百萬人口的死亡人數，義大利、西班牙和英國均超過五百人，美國接近二百七十人，德國大約一百人出頭，而日本僅僅只有六人。

目前已知掌握群聚感染在防止感染擴大的初期具有很大的效果，而且大城市的醫療機構在感染擴大時期沒有被輕症患者擠爆（也有人認為是刻意抑制PCR檢測[3]），以及日本自創的「三密（密閉空間、人群密集、密切接觸）」概念、戴口罩、漱口、洗手、沒有握手和擁抱的文化，對以接觸傳染和近距離飛沫傳染為主的新型冠狀病毒很有效等，可能也是主要因素。

除此之外，還有人舉出基礎免疫的有無、卡介苗的接種、民族性的差異等許多因素，但要透過統計學的分析等查明真正要因還需要一段時間。

新型冠狀病毒的三種型

這種新冠病毒是SARS病毒的近親，所以病毒可能來自蝙蝠，這雖然是很有力的推論，但目前並未查明將病毒擴大傳染給人的宿主為何。此外，二〇二〇年五月，我們已知新型冠狀病毒存在數種變種病毒。

劍橋大學團隊在二〇二〇年四月發表的報告認為有三種：與蝙蝠帶原的冠狀病毒相近、疫情初期便在美國、澳洲傳播的「A型」；A型產生變異、以武漢市為中心擴大感染的「B型」；以及B型產生變異、在歐洲傳播的「C型」。

為何一般所認為的初期型病毒，在美國和澳洲的流行會勝過中國本土？各個亞型之間有可能二度感染嗎？諸如此類許許多多不明之處，相信會隨著研究的進展，逐漸水落石出。

WHO英明的決定，COVID-19的命名由來

以往的流感也是如此，通常疾病都是冠以該疾病的發生地（一般認為）或發現者的名字。不過這可能演變成對發生地區或國家，進而對民族的歧視。

3：全名為聚合酶連鎖反應檢測。台灣媒體一般稱為病毒核酸檢測，簡稱核酸檢測。詳細內容請參考P221的介紹。

再者，也有人指出，片面式的名稱會給人一些想像，使人對風險的掌握失準，造成防疫體制的缺失，因此對於新型冠狀病毒感染症的病名COVID-19，就不再冠上地名。COVID-19的意思就是二〇一九年發生、由冠狀病毒引起的疾病。我認為WHO的這項決定非常明智。

病毒防治對策

病毒具有用以複製自己的遺傳訊息，和保護遺傳訊息並將它送進宿主細胞內的機制。攜帶遺傳訊息的可以是雙股DNA（腺病毒、皰疹病毒）或單股DNA（微小病毒），也可以是雙股RNA（輪狀病毒）或單股RNA（具有mRNA的冠狀病毒、黃熱病毒、C型肝炎病毒、德國痲疹病毒等；成為mRNA模板的伊波拉病毒、流感病毒等；以及成為合成DNA模板的愛滋病毒等）。

大多數的病毒都具有蛋白質的外殼（capsid），藉以保護遺傳訊息；也有一些病毒，包括冠狀病毒在內，外側包覆一層被膜（病毒包膜），用以沾附細胞、幫助病毒進入細胞內。

要按照病毒各自的特性選擇可利用的藥物、疫苗和處理方法。舉例來說，冠狀病毒侵入細胞的機制和流感病毒不同，因此流感藥物神經胺酸酶（neuraminidase，NA）抑制劑便派不上用場。

酒精消毒和洗手是基本中的基本

冠狀病毒帶有被膜，是一種會轉變為mRNA的單股RNA病毒。主要在冬季流行的諾羅病毒和輪狀病毒沒有包膜，非得使用含氯漂白劑或熱水煮沸才能徹底去除感染性，十分棘手；而冠狀病毒帶有包膜，很怕消毒用酒精和界面活性劑（肥皂等），因此確實用肥皂洗手、使用消毒用酒精等，即可對付附著在手上等處的病毒。

此外，由於冠狀病毒主要是經由飛沫傳播，因此戴口罩或防護面罩、保持社交距離和空氣流通可以有效防止飛沫擴散。

為何不進行新型冠狀病毒檢驗？

這句話也適用於其他冠狀病毒感染症，要診斷這種病原體並不容易。概略說來，檢驗方法有病毒分離培養、PCR檢測、抗體檢驗等。已被實際應用的檢驗方法中，病毒分離培養不適合用來做大量檢驗；RT-PCR法的特異性（未感染時被驗出陰性的比例）雖高，但靈敏度（實際患者中被驗出陽性的比例）也非常高，因此肺炎患者即使檢驗結果為陰性，也不能斷定他並未感染。

另外，若能實際應用，血清抗體檢驗的準確性很高，但通常要依據急性期和恢復期兩次的血清進行診斷，需花費三週以上的時間，所以很難用於初期診斷。因此，假使已經掌握症狀和接觸史，且受感染的可能性確實很高的話，就必須採取隔離和對症治療的做法。

而且已有研究指出，新冠病毒和SARS病毒不同，它的潛伏期很長，無症狀感染者也相當多；從感染者的抗體數檢測發現，有些感染者無法獲得長期免疫或有可能二度感染，而且就像登革熱一樣，會因為二度感染誘發細胞激素風暴（免疫反應失控造成全身血管受損）、兒童的川崎氏症等。

一九一八年西班牙流感大流行之際，冬季的第二波流行，感染和死亡的人數比第一波流行時更多，而且歷時多年，使全球遭受重創。

現在情況已發展到我們必須思考要如何在維持經濟、社會的運作和抑制感染之間取得平衡？如何維持醫院的功能又同時兼顧病患的收容？然而諸如此類的問題，單靠醫學並無法找到答案。

這場與病毒的戰役，相信今後還會持續一段很長的時間。讓我們一起冷靜地繼續迎戰！

11 SARS、MERS就是這一點可怕

「SARS（嚴重急性呼吸道症候群）」、「MERS（中東呼吸道症候群）」及新冠病毒感染症的致病菌，全是引起普通感冒的「冠狀病毒（CoV）」的同類，「接觸傳染」和「飛沫傳染」為主要傳染途徑。

SARS的出現

二〇〇二年底，中國廣東省出現新的「非典型肺炎」病例通報。這種會迅速重症化、引發肺炎等的疾病，初期在中國國內造成三百人以上感染、五人死亡。二〇〇三年三月更透過香港一家飯店發生的群聚感染快速地傳播；同樣是

二〇〇三年的三月，甚至還在越南和香港的醫療機構引發院內感染。

WHO在二〇〇三年三月十二日向全球發出警訊。並將此原因不明的疾病取名為「severe acute respiratory syndrome（SARS）：嚴重急性呼吸道症候群」，視之為全球規模的健康威脅，還發出罕見的旅遊勸告等。

WHO當時對感染者進行溯源調查，查出醫療機構、照護設施等場所人與人的密切接觸是造成感染擴大的原因，於是採取極為老派的「隔離和檢疫」措施，將感染者隔離、早期發現出現發燒等症狀的患者。由於SARS的潛伏期短、高燒等症狀很容易掌握，這項措施因而奏效，疫情便逐漸平息。

此疾病主要在亞洲和加拿大流行，在二〇〇三年七月WHO宣布疫情結束為止，造成超過八千人感染、七百人以上死亡。

根據推算，罹患SARS的高齡者死亡率超過五〇％，整體感染者的致死率也有大約九．六％。

SARS是經由蝙蝠而來

現在一般認為SARS是「人畜共通傳染病」，蝙蝠身上帶有的一種冠狀病毒獲得人傳人的能力，因而一口氣傳播開來。

多數病原體為了繁殖會傷害宿主的健康，可是宿主一旦病到不能走動或死亡，便無法擴大感染。話雖如此，但致病性太低的話，根本沒有能力傳染給其他個體。

病原體會因為基因突變而不斷進化，一般認為它在宿主能夠走動的狀態下增生得最快，會保留最大的總數，傳染給其他的宿主。

由於突然變得對其他動物具有感染能力的病原體無法「調整」數量，因此會發揮出強大的致病性（強毒性）。這就是新興傳染病多數會致命的原因。

現今的人類社會，有許許多多的人在短時間內反覆進行長距離的移動，這也使得感染力強的強毒性病原體有可能在世界各地快速傳播，SARS便讓人類社會見識到那樣的危險性。

此外，有研究報告指出，SARS有所謂的「超級傳播者」，即一名患者造成多人感染，這對感染途徑的研究帶來莫大的影響。

致死率三六・七％的MERS

二〇一二年四月，約旦一家醫院發生肺炎的院內群聚感染事件；六月，沙烏地阿拉伯出現新型冠狀病毒引發的肺炎和呼吸衰竭病例；九月，一名在沙烏地阿拉伯受到感染的卡達人主訴發燒和呼吸困難。

這位卡達的患者被緊急送往英國，英國健康保護局檢驗出新型冠狀病毒。日後查明前面兩例也是感染同樣的病毒，於是命名為「MERS」。

一般認為MERS的感染力較SARS弱，不會發生感染迅速擴大的大流行。

不過，MERS也會人傳人，亦有家庭內感染和醫院內感染的相關報告。此外，二〇一二～二〇一五年的流行期間，確診患者數雖然不到一千人，但當中有三百五十多人死亡，致死率達三六・七％，比SARS高出許多。一旦感染，絕對是非常可怕的病毒。

病毒的源頭和SARS一樣都是蝙蝠，但根據推測，使感染擴及人類的帶原宿主可能是單峰駱駝，為人畜共通的傳染病之一。

我們有必要理解接觸或食用野生動物的行為具有高風險，最好不要任意接近野生動物等。

除此之外，現在的研究讓我們開始了解到，被認為是MERS的傳染病其實發生於二〇〇七年左右。當時新的病毒已在擴散。

12 流感病毒會繼續成為「人類的強敵」

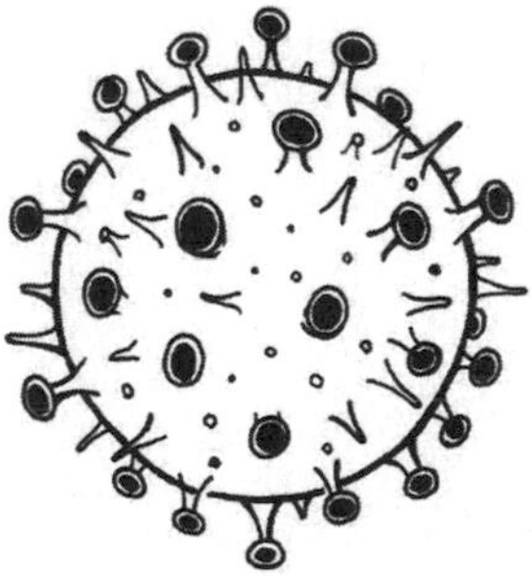

以前的人不認為流感是傳染病

「流行性感冒（Influenza）」從很久以前就一直威脅著人類。「Influenza」是義大利文，語源來自於拉丁文的「Influentia coeli（星星的影響）」，因為古人認為冬季盛行的感冒是「受到天體配置的影響」。

流行性感冒又稱「流感」，感冒是中文裡對風邪的稱呼。日本的風邪一詞是古代中醫學的稱呼，從「六淫」的觀念而來。即認為感冒是由氣候等六個外因的「風的邪氣」所造成。這六個外因是風、寒、暑、濕、燥、熱。我們可以看出，不論東、西方皆認為，天體、季節這類外在因素是感冒的致病原因，並不認為它是傳染病。

流感是由病毒所引起，其大小只有一百奈米左右（一萬分之一公厘），非常小，必須用電子顯微鏡才看得到。因此人類耗費漫長的歲月才讓其病因大白於世。

一八九二年，名叫理查德・菲佛（Richard Pfeiffer）的研究人員從流感患者的體內發現了細菌，取名為「流感菌」（又稱菲佛氏菌）。

由於這種細菌常見於流感患者的咽喉，因此流感菌致病說持續了將近二十年；一九一八年西班牙流感盛行時，日本也生產並施打這種菌和肺炎鏈球菌的疫苗，但沒有效果，因而確定這種菌並非流感的致病原因。

現在，這種菌的學名被命名為「*Haemophilus influenzae*[4]」。有數種型，其中b型會讓兒童引起嚴重的肺炎，因此特別被納入公費預防接種計畫。一般將它簡稱為Hib，即Haemophilus influenzae Type b的縮寫。

發現者是日本人?!

現在一般都認為，流感病毒是英國的克里斯多福・安德魯（Christopher Andrews）等人在一九三三年分離、發現的。

然而根據日本預防衛生協會的山內一也的研究，在一九一八年西班牙流感盛行之際，日本的山內保等人即已將流感的致病原是濾過性病原體一事告知英國的醫學雜誌《Lancet》，這份報告比安德魯等人的發現要早。

山內等人的報告內容包括：①將可通過細菌無法通過的過濾器的病原體接種在黏膜上立刻發病；②咳出的痰和血液中存在病原體；③流感的致病原不是流感菌（菲佛氏菌）；④已得過的人不會二度發病（具有免疫力）等，非常出色，但在國際上不被承認，十分可惜。

反覆出現的大流行

自古以來即有關於重度感冒流行的記載，但一般認為的流感大流行的紀錄是始於十八世紀左右。

4：中文稱為流行性感冒嗜血桿菌。

流感可大致分為A、B、C三型，引發大流行的流感以A型居多，特徵是病毒變異快速。

流感疫苗是先確認流行的動向再製造出來的，然而一旦預測失準，預防效果便很低。而且就算打過流感疫苗還是有可能感染，不過，一般認為它對抑制重症化、防止感染擴大和預防出現嚴重併發症的效果很好。請各位積極地接種疫苗。

高致病性流感

流感是一種會在豬、雞、人之間傳染的人畜共通傳染病。二〇〇九年的流行病疫情就是豬的流感傳染給人所造成的。

除此之外，也有研究指出高致病性（致死性高）的禽流感有可能傳染給人，屆時可能會發生史上空前的巨大災害。

為此，包括新型流感疫苗在內的新藥研發也持續在進行。我們必須擁有這樣的認知：雖然不知道何時會發生，但那一天終會到來，並持續謀求對策。

13 世界三大傳染病之一——瘧疾

因瘧疾喪命的一休

大家熟知的一休（一休宗純，一三九四～一四八一年）是室町時代[5]的和尚。

他生於京都，自幼出家，二十二歲左右進入京都的大德寺拜師學習佛法，不久師父授予他「一休」之名。據說他刻苦修行悟道，因為厭惡權力和頭銜，在師父辭世之後，為了平民百姓而輾轉各地宣揚佛法。長年過著清貧生活的一休，在八十七歲時死於瘧疾。

5：西元一三三六～一五七三年。

瘧疾是由瘧原蟲引起的疾病，透過瘧蚊傳播，患者會規律且間歇性出現畏寒、顫慄、高燒的症狀。在日本又稱為「okori」，自古即是眾所周知的疾病。

戰爭與瘧疾

明治到昭和初期，瘧疾在日本全國流行。明治時期開墾北海道時奪走許多人性命的也是瘧疾。

不但如此，第二次世界大戰時還發生過將一般居民強制疏散到瘧疾發生地區，導致許多居民因瘧疾喪生，令人鼻酸，被稱為「戰爭瘧疾」。沖繩的八重山群島並未爆發戰事，居民多半是染上瘧疾而死亡。當時處於劣勢的日本軍推測美軍很可能在八重山群島的波照間島登陸。於是在一九四五年三月，決定將該島的居民強制疏散到其他小島。該疏散地就是西表島。

現在我們絕對想像不到，當時沖繩縣的西表島正是瘧疾疫區。尤其是位於西表島南部的南風見田地區更是瘧疾發生地，一九二〇年還因為瘧疾迫使整個村莊淪為廢村。因此波照間島的居民中有一些人反對疏散。

但因為是軍方的命令，島民無可奈何不得不服從。現在，美麗的南風見田海濱立有一塊「忘勿石之碑」，用以追悼被強制疏散到西表島，成了瘧疾的犧牲品的學童們，每年八月十五日會舉行慰靈祭。當時波照間居民（當時總人口為一千五百九十人）的瘧疾罹患率為九九．八％，死亡率為三〇．一％。換言之，幾乎所有人都得過瘧疾，其中約三分之一、也就是四百七十七人死亡。

第二次世界大戰時，日本軍幾乎沒有採取防治瘧疾的對策。為此，瓜達康納爾島戰役有一萬五千人、英帕爾戰役有四萬人、沖繩戰役有三千六百人（石垣島居民幾近全部感染）、呂宋島則超過五萬人，全都死於瘧疾。一般認為，當時不重視補給導致營養失調同時感染瘧疾的士兵很多，一旦染病幾乎救治無望。

戰後，瘧疾在日本全國各地流行，但因為採取徹底的預防措施，使得死亡人數銳減，一九五〇年代瘧疾疫情止息；一九六三年在石垣島的瘧疾根除紀念大會上，政府宣告日本國內的瘧疾疫情已獲得控制。

現在日本國內已經沒有本土的感染病例。一九八〇年代以後的瘧疾病例都是在國外遭感染，回到日本後發病，也就是所謂的境外移入，一年有一百～一百五十件通報病例。

現代經常發生瘧疾的地區

二〇二〇年，世界三大傳染病為愛滋病、結核病、瘧疾。這三種傳染病每年奪走二百五十萬人的性命。

進入二十一世紀後，雖說靠著國際援助，感染擴大的趨勢正逐漸轉弱，但在許多低所得國家至今依然無法控制感染，因此今後這三大傳染病仍將是當地人民的主要死因。儘管現在已經有方法預防和治療，但預防和治療的方法並未普及到貧窮的人們。

瘧疾每年奪走數十萬條人命。九三%的死者集中在惡性瘧疾病例眾多的非洲撒哈拉以南地區，幾乎都是不到五歲的孩童。此外，瘧疾也在亞洲、南太平洋各國、中南美洲等地流行。為了防治疾病，二〇〇二年於瑞士設立專門提供資金給低、中所得國家的機構「全球基金[6]」，根據設於其下的日本委員會（二〇〇四年開始運作）網站上公布的資料，二〇一七年時，一年有二億一千九百萬人以上感染瘧疾，約四十三萬五千人死亡。

瘧疾是因瘧原蟲侵入體內而引起，有惡性瘧疾、三日瘧、四日瘧、卵形瘧四種。不論哪一種，典型症狀都是在平均十~十五天的潛伏期過後，出現伴隨著惡寒、震顫的高燒、頭痛、腹瀉或腹痛、呼吸器官障礙。

若轉為重症，立刻會發生急性腎衰竭、肝功能障礙、昏睡等，最後導致死亡的案例也不在少數。最危險的是惡性瘧疾，占瘧疾致死案例的九五%。孕婦、HIV感染者、不足五歲的兒童因免疫系統功能較低，一旦染上瘧疾很容易轉為重症。

6：全名為全球對抗愛滋病、結核病和瘧疾基金會（The Global Fund to Fight AIDS, Tuberculosis and Malaria）。

瘧原蟲的生活史十分巧妙

一八八〇年，駐紮在阿爾及利亞的法國陸軍軍醫夏爾・拉韋朗（Charles Louis Alphonse Laveran）在瘧疾患者的血液中發現了瘧原蟲。拉韋朗展開研究之時，一般都認為瘧疾是由沼澤地的汙穢空氣所引起，但當時已知，用光學顯微鏡觀察瘧疾患者的血液，便會看見紅血球內部被包覆在透明囊袋裡的黑色顆粒。拉韋朗連續採集同一位瘧疾患者的血液，記錄下那個黑色顆粒在紅血球內成長的樣子。那之後又因為英國醫師羅納德・羅斯（Ronald Ross）的研究，讓瘧疾是經由瘧蚊傳播一事真相大白。那是一八九七年的事。

帶有瘧原蟲的瘧蚊若叮咬人，潛伏在瘧蚊唾液中的瘧原蟲孢子體就會被注入人體。於是孢子體便侵入人的肝細胞內發育。

在肝細胞內發育的瘧原蟲變化成大量的「裂殖子」型態後，便會破壞肝細胞，被釋放到血液中。被釋放到血液中的裂殖子接著侵入紅血球，大約四十八小時後分裂成二、三十個。並破壞那顆紅血球，再次進入血液中，然後繼續侵入另一顆紅血球，不斷重複這樣的循環。

研究發現，患者的體溫急遽上升就是紅血球遭破壞時。另外，紅血球內的瘧原蟲偶爾會發育成雌雄配子體，瘧蚊經由吸血將配子體吸入體內，在腸內進行有性生殖，最後發育為孢子體。如上所述，瘧原蟲的生活史真是複雜又巧妙。

根除瘧疾的進程

至今為止，許多已開發國家為了根除瘧疾採取過種種對策。

不管怎麼說，撲滅病媒蚊對根除瘧疾很重要。舉例來說，美國南部的人會開墾蚊蟲孳生的地區，將油灑在水面，噴灑奎寧驅蚊。奎寧是研究人員在南美安地斯山脈的野生植物「金雞納樹」中發現的抗瘧疾藥。

此外，人們會撲殺水孏等處的孑孓，在門窗加裝防蚊網。第二次世界大戰時則嘗試噴灑ＤＤＴ這種含氯化物的殺蟲劑，藉以消滅瘧疾。

於是一九七〇年研究人員推斷，藉由噴灑ＤＤＴ、根絕蚊蟲孳生場所、擴大使用抗瘧疾藥，可以讓五億以上的人免於感染瘧疾。話雖如此，近年來不僅治療藥和殺蟲劑都起不了作用，具有抗藥性的瘧疾增加成為新的課題，氣候暖化導致病媒蚊棲地擴大也令人憂心。

14 霍亂現正在世界第七次大流行

引發嚴重水瀉，甚至可能在數小時內死亡

「霍亂」是因為吃到受感染者的糞便汙染、含霍亂弧菌的水或食物而感染。胃酸會殺死由口攝入的霍亂弧菌，但沒被殺死的霍亂弧菌到達小腸後會大量繁殖，數量多到無法計算，並釋放出霍亂毒素，引起大量腹瀉、嘔吐、發燒的症狀。

出現症狀的人當中，八成為輕度到中度，兩成的人會演變成嚴重的腹瀉。致死率為二．四～三．三％，重症的話則高達五〇％。

霍亂的特徵性水便為淘米水（牛奶）般的白色液狀。由於會在短時間內排出大量水便，不治療的話，出現症狀後不到幾個小時就會因急性脫水導致死亡。

霍亂患者以五歲以下的孩童居多。有種叫做「霍亂簡易床」的病床，床板的中央附近有個洞，洞的下方放置水桶。筆者曾在亞洲某個國家專門收治霍亂患者的醫院，看到病童們並排躺在這種床上的景象。

病患的身體會因脫水明顯萎縮。重症的話，一天的腹瀉量為十到數十公升，有時會多達體重的兩倍。舉例來說，病患的眼眶會凹陷；因血管破裂而發黑的皮膚變得乾巴巴；指尖有許多縱向皺紋，像是「洗衣婦的手」。

一而再、再而三地造成全球性大流行

霍亂是會引發全球流行的傳染病。

在現有的紀錄中，這種病一直以印度的地區性疾病為人所知，第一次的世界性流行（一八一七～一八二三年）始於孟加拉地區，後來擴及亞洲其他各國。

三年後發生第二次流行（一八二六～一八三七年），又是從印度開始。第二次的流行蔓延到中東、非洲、歐洲、北美和中美洲，光是在巴黎和倫敦兩地就分別造成七千人和四千人死亡。

第三次流行（一八四〇～一八六〇年）造成的死亡人數最多，義大利有十四萬人，法國為二萬四千人，英國為兩萬人。這一次在日本造成安政霍亂的大流行，死亡人數高達二十九萬人。

現在正處於始於一九六一年的第七次流行。

一般推算，全球每年有一百三十萬人到四百萬人罹患霍亂，二萬一千人到十四萬三千人死亡。患者通常出現在無法取得安全飲用水的地區、衛生環境差的地區。

過去任由屎尿造成汙染的歐洲衛生情況

發生大流行當時的歐洲，並未建置完善的自來水與下水道系統。

大約兩千年前的古羅馬帝國時代便已建立自來水與下水道系統，並建造了用水沖掉穢物的廁所。同時也建造了公共廁所，還在同一地點挖掘出一千六百個便器。因火山爆發導致整個城市直接遭火山灰掩埋的龐貝遺址，也挖掘出家庭廁所的遺跡。

不過，當古羅馬帝國滅亡，廁所也隨之銷聲匿跡。因為消滅古羅馬帝國的北方日耳曼民族過著以狩獵為主的生活，不會在家裡大費周章地建造廁所。

工業革命（一八六〇年左右）以後，人們開始集中於都市，不知該如何處理糞水，於是糞水漸漸被人丟棄在馬路和庭院中。

馬路和廣場任由屎尿造成汙染。由於當時只會應付式地稍作整理，因此這些屎尿便滲入地底下，結果使得水井被病原菌汙染。

霍亂的流行帶來自來水與下水道系統的普及

在巴斯德[7]「否定自然發生論」以前，一般認為疾病，不僅是霍亂，都是由汙穢的空氣（瘴氣）所引起。

一八五五年，麻醉學家約翰・斯諾（John Snow）清楚證實「霍亂不是由瘴氣所引起。水才是原因」。霍亂在倫敦流行時，斯諾一家一家去拜訪霍亂死者的家，調查其飲用水源。

斯諾證明了只有飲用位於黃金廣場（Golden Square）的布勞德街（Broad Street）上那口水井的人才會感染霍亂。在禁止使用這口水井的幫浦之後，霍亂便不再流行。

英國的首都倫敦自一八五五年起著手建置下水道系統，讓過去直接流入泰晤士河的汙水透過下水道在市區的地底下流動。此外，歐洲各國和美國等國家也開始整備下水道系統。

日本的現代化自來水事業始於一八八七年。那一年的十月十七日，橫濱的自來水系統開始供水。那之後，函館、長崎、大阪、廣島、東京、神戶一個接一個開始供應自來水。

如上所述，自來水系統迅速建置完備的背後，存在著透過水源傳染的病霍亂大流行的歷史因素。

我們不妨說，霍亂的出現改善了現代化都市的環境衛生。現在自來水與下水道設備完善、衛生環境良好的國家，幾乎不會出現霍亂的病例報告，有的話，都是在國外疫區受到感染後回國的境外移入病例。

7：法國微生物學家路易・巴斯德（Louis Pasteur，一八二二～一八九五年）。

然而，如果還處在沒有安全的水資源，且必須在惡劣的環境下生活的人，他們感染霍亂的風險依然很高。

15 伊波拉病毒等新興傳染病

侵襲非洲的伊波拉出血熱的出現

「伊波拉出血熱（伊波拉病毒感染症）」、「HIV」、「SARS」、「MERS」等近年出現的新傳染病，我們稱為「新興傳染病」。

新興傳染病出現的主要原因，一般認為多半是人為開發和破壞森林導致野生動物與人類的接觸變多，野生動物身上帶有的病原體於是開始傳染給人類。

「伊波拉出血熱」是被歸類為病毒性出血熱的傳染病之一。

一九七六年出血熱在蘇丹（蘇丹共和國）首次被人發現，卻在剛果（剛果民主共和國）

北部的一家醫院引發了大規模的院內感染。起初伊波拉出血熱的患者被懷疑是感染瘧疾而接受注射，不料注射器未被妥善地消毒，使得共用同一支注射器的九名患者全部死亡。

由於這在當地是不知名的疾病，在連治療法都不清楚的情況下，經由患者和醫療人員的傳播，受害情況逐漸擴大。在三百一十八名患者中，有將近九成、也就是二百八十名患者死亡。一九七七年和一九九五年兩度在剛果造成流行。

一開始的症狀是突然發燒、強烈的倦怠感、肌肉痛、頭痛和喉嚨痛，接著出現嘔吐、腹瀉、起疹子，之後發生腎臟和肝臟功能異常、意識障礙、出血等。

若發生出血或多重器官衰竭，由於全身的黏膜都會流血，因此有「全身所有的孔竅都在出血」這樣的描述。全身浮腫，靜脈注射後依然出血不止，只是綁上量血壓用的驅血帶便引發內出血……這一類可怕的症狀被大肆宣揚。

伊波拉出血熱在非洲各國一再反覆流行，其中規模最大的一次是二〇一三年底始於幾內亞共和國的流行。疫情蔓延至賴比瑞亞共和國和獅子山共和國，被ＷＨＯ宣告為「國際關注的公共衛生緊急事件（ＰＨＥＩＣ）」。

因衛生資材不足、貧困、葬禮時用手觸摸與親吻遺體的習俗等關係，疫情始終沒有結束，直到二〇一六年三月解除大流行為止，有近三萬人感染（含疑似病例），當中將近四〇%的人死亡。二〇一八年到二〇一九年間在剛果爆發的那波疫情，WHO也曾發布PHEIC。

此外，伊波拉出血熱並不必然伴隨出血症狀，加上有專家指出，出血的印象太強會有誤判的危險，因此現在國際上一般稱它為「EVD（伊波拉病毒感染症）」。

與已開發國家並非完全無關

一九八九年，發生了從菲律賓進口到美國首都華盛頓郊外的食蟹獼猴感染伊波拉出血熱的事件。

該設施飼養的四百五十隻猴子全數遭到撲殺，但美國首都發生伊波拉出血熱的新聞帶給民眾巨大的衝擊。這故事已被如實地呈現在《The Hot Zone（伊波拉浩劫）》（理查．普雷斯頓著）這本紀實作品中，也可在以該事件為靈感來源的電影《Outbreak（危機總動員）》（達斯汀．霍夫曼主演）中看到。

這種來自實驗動物的新興傳染病的境外移入也發生在其他國家。一九六七年，前西德的馬堡和法蘭克福就曾爆發經由進口自烏干達的非洲綠猴感染的出血熱（馬堡病毒出血熱），況且一九八九年在華盛頓被撲殺的食蟹獼猴中，有些本來是要運至日本的。人畜共通傳染病不僅人要接受檢疫，還要檢查所有可能的帶原動物。

現在實行的檢疫措施雖已考慮到檢疫所內可能造成的感染，但這一類疾病並非與已開發國家完全無關。

全球化和大流行病的惱人關係

另一方面，氣候變遷（地球暖化）使得熱帶性蚊子的分布區域持續擴大，二〇一四年日本便曾爆發登革熱疫情。

瘧疾被認為是能靠醫療克服的傳染病。第二次世界大戰後，日本因「ＤＤＴ」等殺蟲劑的普及而成為根除瘧疾的國家；但現在，ＤＤＴ因其含有的毒性已遭到禁用，一般認為要讓瘧疾從世界上絕跡是不可能的。這種傳染病被稱為「再興傳染病」，已有研究指出，氣候變遷導致熱帶性再興傳染病有可能再度傳入日本。

一九三七年在烏干達被發現的西尼羅熱不僅在非洲流行，更蔓延至中東、西亞和澳洲；一九九九年美國的紐約爆發群聚感染，感染區域向外擴大，現在已是美國國內常見的傳染病之一。

產業結構、國際關係的變化，使得人的移動路徑和移動速度不斷在改變。

環境破壞造成眾多森林消失，更有人預測，本世紀中葉，世界最大的熱帶雨林亞馬遜雨林有將近一半會因氣候變遷（地球暖化）造成的乾燥化而消失。森林毀壞使得人類與野生動物接觸的機會增多，並為人類社會帶來一些尚不為人知的新傳染病，甚至有可能讓世界一夕改變。

此外，氣候變遷也導致沙漠化和永凍土融解。據估計，現在因環境變遷被迫離開家園的環境難民一年多達一千萬人以上，並有人預測在本世紀結束時將達到一億人。

人的大量移動導致衛生狀態惡化，移動距離的增加則使傳染病更容易傳播。今後世人對於出現新興傳染病或再興傳染病，進而引發大流行的擔憂應該會日益增加。

我們往往以保護野生動物和資源的觀點來談論環境問題。然而，對今後的人類社會來說，環境問題所帶來的傳染病有可能真正地改變世界，成為攸關人類存續的一大問題。

16 轉眼間便成為世界三大傳染病之一——人類免疫缺乏病毒

無法去除偏見和歧視的愛滋病毒史

「愛滋病（愛滋病毒造成的後天性免疫缺乏症候群）」、「結核病」和「瘧疾」被列為威脅人類生存的三大傳染病。

截至二〇〇九年的統計資料，愛滋病毒感染者一年的新增人數為二百六十萬人，結核病一年的發病人數為九百四十萬人，瘧疾一年的罹患者超過兩億人。

在感染人數方面，瘧疾凌駕於其他兩者，但如果看死亡人數的話，則正好相反，愛滋病的死亡人數為一百八十萬人，結核病為一百七十萬人，瘧疾則是七十八萬人。

自一九八〇年左右開始，歐美的同性戀者中開始出現一群病患，他們的免疫力低弱、使得原本對身體不會帶來破壞的常在菌在體內引發感染症。這就是現在所說的愛滋病。

巴斯德研究院的呂克・蒙塔尼耶（Luc Antoine Montagnier）和法蘭索瓦絲・巴爾－西諾西（Françoise Barré-Sinoussi）從患者身上發現了愛滋病毒HIV－1，兩人在二〇〇八年獲頒諾貝爾生理醫學獎。此外，蒙塔尼耶等人在一九八五年還發現了另一種愛滋病毒HIV－2。

和其他新興傳染病一樣，兩者都是「人畜共通傳染病」。

而且，因為主要感染者都是性少數族群，加上傳染力很弱等不為大眾所知，導致對感染者的偏見和歧視橫行。日本還曾發生大眾傳媒公布感染者的個資、在地居民肉搜感染者、歧視其居住地區的情形。

至今愛滋病仍被誤認為是致命的疾病，而對感染者抱持歧視和偏見，有時會造成問題。現在的觀念認為，只要進行治療，愛滋幾乎不會發病，到任一份新工作時也沒有必要告知。衛生所等處的檢查都是以匿名方式進行，有染病風險的人請不要害怕接受檢查和治療。

悲劇的藥害HIV感染

治療血友病會使用凝血因子濃縮製劑，一九八〇年代，其原料有一部分是來自美國的賣血者。經常賣血的貧困階級中有些人患有肝炎、HIV等疾病，因此美國國內自一九八三年起，製劑都會經過加熱處理。

不過在日本，不但晚了兩年才批准加熱處理製劑，而且明知存在染病的危險，仍然繼續使用非加熱製劑直到一九八八年為止。

再加上當時多數治療血友病的醫師基於還沒有方法可以治療HIV，心理諮商等制度也不完善，並未告知患者感染HIV的風險，結果有一千四百人以上感染了愛滋病。許多血友病患者不僅染上愛滋病，還染上C型肝炎等疾病，不單被病痛折磨，還為被人當作愛滋病患者看待的歧視所苦。有過這樣慘痛的歷史。

三種感染途徑

現在，一般認為感染HIV的主要途徑共有三種：經由性行為感染、經由血液感染、母子垂直感染。最多的是經由性行為感染，不過不僅同性之間，異性之間的性交也會感染。要使用保險套等避免黏膜接觸的器具以防止感染，目的不在於避孕。

經由血液感染的多半是在醫療設施不完善的國外地區，多人共用未妥善消毒的注射針筒或醫療器具。國內使用的是一次性（用完即丟）醫療器具，幾乎沒有危險性。

由於已開發國家也證實發生過吸毒共用針頭導致感染擴大的案例，因此出國時要小心，不要出於好奇而去使用毒品等。此外，醫療從業人員等可能發生被針頭扎到之類的意外而感染，這種情況可以暴露後預防性投藥的方式，也就是事後服用抗HIV藥物來防止感染。

而關於母子垂直感染方面，在日本，懷孕初期進行的血液檢查即包含HIV抗體檢驗，防止母子垂直感染的預防措施和處置已確立，因此只要檢查和對策施行得當，感染的機率非常低。

此外，一般認為一萬名孕婦中約有一人會感染HIV，但孕婦的HIV檢驗偽陽性（未感染卻驗出陽性）的機率很高，一萬人中有三十人左右，因此據說有孕婦初檢被驗出陽性而大感驚訝，心裡茫然失措。初檢驗出陽性時，為免孕婦內心不安，醫師有必要做適當的說明，並請孕婦接受複檢以確定診斷。

HIV感染不等於愛滋病

感染了HIV，多半是出現類似感冒或流感的急性症狀，但由於感染初期抗體數並未上升，因此這段期間的抗體檢驗有時會呈陰性。之後五到十年的無症狀期若置之不理，免疫細胞就會慢慢減少，然後發病。

HIV為反轉錄病毒的一種，會將病毒的基因嵌入免疫細胞的DNA（反轉錄）並潛伏在體內。因此，光是消除體內的病毒並無法治療愛滋，必須長期持續服用阻礙病毒反轉錄、病毒DNA插入人類DNA、病毒蛋白合成等數種藥物，以抑制病毒繁殖。抑制病毒繁殖，防止愛滋發病，確實有可能長期過著一般人的生活。再者，根治愛滋病的相關研究也在進行中，治療方法一天比一天進步。

但另一方面，開發中國家至今仍有許多感染者，必須趕緊採取對策。在醫療上，不僅是治療藥物，醫療器材和防護用具根本不足；社會上也存在如貧窮所衍生的賣春活動猖獗、避孕用品普及率低、女性社會地位低落使對策無法施行等問題。希望透過已開發國家的援助和啟蒙活動等，能讓醫療體制逐漸得到改善。

17 曾經人人害怕的亡國病——結核病，至今仍是重大傳染病？

沖田總司和石川啄木也殞命

明治時代起到第二次世界大戰結束後，每十萬人就奪走兩百人以上性命的傳染病是「結核病」。其死亡率介於現在的癌症和心臟疾患之間，若扣除一九一八年前後流行性感冒（西班牙流感）流行期間，一直蟠踞死亡率的第一名。

古有新選組的沖田總司、長州藩的高杉晉作、明治時代的作家樋口一葉和石川啄木，都是二十多歲就因結核病而殞命。正岡子規也是三十多歲便死於結核病。

一八八二年，羅伯・柯霍（Robert Koch）發現了結核菌，柯霍因為這項發現而獲得一九〇五年的諾貝爾生理醫學獎。

一八九〇年，柯霍想出從結核菌提取蛋白質當作抗原的結核菌素注射法。雖然對於原本的目的——治療結核病沒有幫助，但後來被用於診斷結核菌感染。

第二次世界大戰前，對付結核病只能靠靜養和充分攝取營養，因此日本各地皆設有結核病療養院。第二次世界大戰後隨著抗生素的出現，醫師開始會施行外科手術，一九五〇年代以後因多種抗菌劑（抗結核藥物）的使用，才終於有辦法治好結核病。即使如此，一般來說治療期間長達兩到三年。

作品中所刻畫的結核病

結核病無情地奪走年輕的生命，那殘酷、難以排解的愁苦，孕育出眾多的作品。著名的有吉卜力工作室的《龍貓》（宮崎駿導演）。電影中的七國山醫院是以一家位於東京都東村山市的醫院為藍本，醫院所在地的八國山綠地至今依然保留著電影中描繪的雜樹林。

堀辰雄的著作《風起》，主角是他本人，以結核病療養院為故事的舞台。宮崎駿導演在二〇一三年公開上映的同名電影，創作靈感便來自堀的《風起》。

兩部作品中，主角的另一半皆死於結核病，不過堀辰雄的《風起》中，這句「起風了，唯有努力試著生存」，隱含了雖有生存意志但不知能否實現的不安感。相對於此，宮崎駿導演的《風起》文宣「一定要活下去」，則沒有那股莫名的不安。現代治療法已經確立，使得過去那樣的不安已自廣告文宣中消失。

卡介苗接種

現在依然是以「卡介苗接種」來預防結核病，而預防接種所使用的疫苗是用會感染牛隻的牛型結核桿菌培養製成。與天花利用牛痘（事實上是牛感染了馬痘病毒）接種的情況非常類似。

日本政府對幼兒到中小學階段的孩童進行結核菌素測驗和卡介苗接種已行之有年，不過二〇〇五年已廢止結核菌素測驗。現在只對出生未滿一歲的嬰兒定期施打卡介苗。

卡介苗接種除了能抑制結核病，一般來說對於好發於兒童的結核性腦膜炎和粟粒性結核病等的重症化也有抑制作用。儘管日本的結核發病率約為美國的四倍左右，但兒童的發病率卻低於美國，可能就是拜卡介苗接種所賜。

此外，有段時期坊間曾盛傳接種卡介苗能強化免疫力，防止新型冠狀病毒感染症重症化，但這只是假設，還有待今後驗證。

再興傳染病

儘管已在某種程度上確立了治療法，但結核菌感染率遲遲沒有下降。何止沒有下降，一九九九年有一段時期，結核病發生率反而還上升，日本政府甚至發布「結核非常事態宣言」。

二〇一五年的結核病發生率為每十萬人中有十四人，在已開發國家中算高，日本因而被列為「結核病中度蔓延國」。不但有教育機構、醫療機構和照護設施等發生集體感染的通報，也有忙碌的中老年人忽視感染而使感染擴大的情況發生，政府因而呼籲民眾確實進行健康檢查、身體不舒服時務必前往就醫。

過去援助政策往往不受重視，結核病總是逼得為飢餓和營養不良所苦的人們走投無路，現在也依然在貧困階級中蔓延。即便是東京都，結核病也在遊民和日雇型勞工之間逐漸增加，需要採取確實的措施和提供援助。

二〇一八年時，全球一年有一千萬以上的人結核病發病，一百六十萬人死亡。不僅南亞、東南亞和非洲的發生率很高，非洲ＨＩＶ患者的結核病感染率也在增加中，況且前社會主義國家的預防接種和防疫系統已經弱化，使得結核病感染率攀升。因此就全世界來說，結核病也是再興傳染病，必須趕緊採取對策。

18 死於黃熱病毒的野口英世的研究

至今仍有約九億人暴露在黃熱病的風險下

「黃熱病」為盛行於非洲，以及南美洲的熱帶乃至亞熱帶地區的病毒性傳染病。主要是因為被帶有病原體黃熱病毒的埃及斑蚊叮到而感染。

潛伏期為三到六天。主要症狀有發燒、頭痛、惡寒、肌肉痛、背痛、噁心、嘔吐等。約有一五％的人經過數小時到一天左右症狀就會減輕，但之後會再度發高燒，而且黃疸和出血傾向加劇，有時會演變成休克和多重器官衰竭。若轉為重症，致死率有二〇～五〇％。

所謂的黃熱病，就是高燒後伴隨著重度肝功能障礙並出現黃疸，因而得名。

黃熱病沒有特效藥，預防方法除了撲滅流行地區會成為傳播媒介的埃及斑蚊等斑蚊屬的蚊子外，前往這些疫區旅遊時有必要接種黃熱病疫苗。

依據推測，全世界約有九億人暴露在黃熱病的風險中。正確的發生數字並不明朗，但根據ＷＨＯ的推算，一年會有八～十七萬左右的患者出現，死亡人數最多達到六萬人。

以黃熱病研究聞名的野口英世

野口英世是世界最有名的日本人之一。二〇〇四年起野口英世還成為千圓紙鈔的肖像人物。他是第一位登上紙鈔的科學家（細菌學家）。

一八七六年，野口英世出生於福島縣翁島村（現在的豬苗代町）的貧窮農家，幼年時左手嚴重燙傷，但他通過醫術開業考試[8]，一九〇〇年赴美。

8：日本自一八七五年開始實施的醫師開業考試，一九〇六年制定《醫師法》，同時決定停辦這項考試，一九一六年正式廢止。

他在洛克菲勒醫學研究所從事細菌學的研究；一九二八年在英屬黃金海岸（現在的加納共和國）的首都阿克拉因自己的研究對象「黃熱病」而死亡，得年五十一歲。

野口英世發表過兩百篇以上的論文。不過，這些研究成果在他死後幾乎全不被承認。例如，一九一一年他成功完成梅毒致病原——梅毒螺旋體的純粹培養，並因為這篇報告聞名世界，但後來重新進行同樣的實驗並未成功，不具再現性。

野口英世精力充沛地推動細菌獵人的工作。一九二六年，他成功完成祕魯惡性風土病奧羅亞熱的病原體的純粹培養，並查明祕魯疣的病原體和奧羅亞熱相同。此項結果正確無誤。

導致他的研究者地位一落千丈的，正是他長期努力鑽研的黃熱病研究。

一八九八年，弗雷德里希・呂佛勒（Friedrich Loeffler）和保羅・弗羅施（Paul Frosch）發現牛隻口蹄疫的病原體會通過素燒的陶製過濾器，於是稱之為「濾過性病原體」。當時他們把它想成很小的細菌。而黃熱病的病原體也是濾過性，野口同樣把它看作很小的細菌。

野口在一九一八年發現的黃熱病病原體，事實上是威爾氏病的病原菌，它是一種螺旋體，梅毒致病菌的同類。他一直在研究的其實是由細菌引起的威爾氏病。

馬克斯．泰勒（Max Theiler）認為，黃熱病的病原菌是一種可以在實驗室利用老鼠讓它繁殖的病毒，並在一九三〇年發表於《科學》雜誌上。一九三七年則撰文介紹黃熱病的疫苗。之後，泰勒因開發出能有效對抗黃熱病毒的疫苗，一九五一年獲頒諾貝爾生理醫學獎。

泰勒證實了野口英世發現的螺旋體是威爾氏病的病原體。野口英世使用通過過濾器的液體成功讓猴子染上黃熱病之後，仍然堅持自己所發現的螺旋體就是黃熱病的病原體。

一九二七年十月二十二日，野口英世留下「去到那裡不是取得勝利就是死亡」這句話後，便動身前往非洲。他在非洲的數個月期間，不斷探究黃熱病的病原體。一九二八年五月二十一日，他在阿克拉因染上黃熱病而不幸死亡。沒有留下任何研究紀錄。

有人以「病毒學時代來臨前悲劇的細菌學家」來看待野口英世。但另一方面，多數細菌學家似乎都認為，即使在那個年代，至少他所研究的疾病病因並非細菌已是明擺的事實，所以被質疑篡改或捏造資料也是沒辦法的事。

最早證實黃熱病是由非細菌的某種病原體所引起的疾病

野口英世也認同黃熱病的病原體是「濾過性病原體」。只不過，就連野口英世也想像不到，他觀察到的「濾過性病原體」小到用光學顯微鏡也絕對看不到。

「濾過性病原體」被取名為「濾過性病毒」。virus（病毒）一詞是拉丁文，原意是「毒素」。即使如此，一般仍認為它應該是細菌的同類，屬於一種超級小的細菌。

一九三五年溫德爾．斯坦利（Wendell Stanley）以結晶的方式純化出菸葉病變——菸草花葉病的濾過性病原體，因而確定了它不是細菌的同類。這是第一個被分離（從一群微生物中分離培養出特定的微生物）出的病毒。斯坦利因為這項成就，得到一九四六年的諾貝爾化學獎。

19 史上最令人害怕的疾病——天花的撲滅

獨眼龍伊達政宗

獨眼龍一詞是用來指涉「只有一隻眼睛的英雄」。以戰國武將為人所知的伊達政宗，一六〇一年建造了仙台城，他以第一代仙台藩主之姿與各國交流和致力發展領地的事蹟也很有名，而最重要的是，伊達政宗讓人對獨眼龍這樣的形容留下深刻的印象。因為他童年時染上天花，導致右眼失明。

天花的致死率為二〇～五〇%，非常高，即使復元也會留下嚴重的傷疤。傷疤若是在皮膚上，皮膚就會坑坑疤疤；若是在眼睛就會失明。江戶末期以前，天花一直是日本人失明原因的第一名。而且多半是雙眼失明，所以或許我們應該說，伊達政宗還算是幸運。

天花病毒

引起天花的病毒粒徑約兩百～四百五十奈米（〇．〇〇〇三～〇．〇〇〇四公厘）。算是病毒中最大型的一類。

天花只會感染人，含有這種病毒的分泌物、膿液和痂皮一旦自口、鼻侵入人體，便會在口腔和咽喉的黏膜繁殖，並進一步侵入淋巴結。在淋巴結增生出的病毒接下來會隨著血流侵入肺部、脾臟、肝臟，不斷進一步繁殖，最後到達皮膚表面，長出疹子。這種病毒一旦侵入眼睛，就會導致失明。

自病毒侵入體內到出現高燒、肚子痛、出疹子這類症狀的期間，也就是潛伏期，大約為七～十六天（平均為十二天）。疹子會長到直徑五～十公厘，內部的液體含有大量的天花病毒。

這些疹子之後會變成混雜膿液的膿包，不久便乾化結痂，略呈黑色。由於痂皮具有傳染力，可能會造成其他人感染，因此在完全脫落之前有必要隔離。患者穿過的衣物、用過的棉被有時也會造成感染。

天花的威脅

自古人們便受天花所苦。

古埃及第二十王朝的第四任法老拉美西斯五世的木乃伊上，便可見天花造成的疤痕。另外，一五二一年阿茲特克帝國的瓦解和一五七二年印加帝國的瓦解，一般認為這與入侵者西班牙人所帶來的天花蔓延有很大的關係。例如在印加帝國，根據推算有六〇～九四％的人口都死於天花。

而且天花還被帶進北美洲，導致為數眾多的原住民死亡。當時的原住民美洲印第安人對天花沒有免疫力，因此對這種病原體完全不具抵抗力。

哥倫布到達美洲大陸當時，南、北兩塊大陸有多達約七千二百萬的人口，到了一六二〇年左右竟銳減至六十萬人。天花等傳染病和侵略戰爭就是導致人口銳減的原因。此外，據估計在十八世紀的一百年內，光是歐洲就有六千萬人死於天花。

在日本，七三五年到七三八年間天花大流行，在平城京[9]執掌政權的藤原四兄弟因為這種病相繼去世。四兄弟以外的高階貴族也多數死亡，使得朝廷政治陷入大亂，傳聞興建奈良大佛的其中一個原因就是天花流行。

根據專門研究醫學史的慶應義塾大學經濟學部教授鈴木晃仁的說法，日本戰國時代也曾流行過天花，當時是五年流行一次，到了江戶時代依然以三十年一次的頻率引發流行。而且，江戶時代的天花肆虐，是兒童必得的小兒疾病，對當時的人口組成造成莫大的影響。

天花的撲滅

在現代醫學確立以前，人們便從經驗上得知天花具有很強的免疫性，據傳在西元前一〇〇〇年左右，印度便已實踐人痘法。所謂的人痘法，就是將天花患者的膿液接種到健康的人身上，透過引發輕微的症狀以獲得免疫的方法。為了減輕毒性，患者的膿液乃是經乾燥後才拿來使用。

這種人痘法在十八世紀前半傳入英國，接著傳入美國，對預防天花起了很大的作用，但當時接受預防接種的人中，有幾個百分比的人會轉為重症後死亡。

更加安全的天花預防法是英國的醫師愛德華・金納在一七九六年發明出來的。金納行醫當時，農民之間流傳著一種說法：「因為擠牛乳等自然得到牛痘的人，之後不會得天花」。牛痘這種病遠比天花來得更安全，於是金納不斷研究能不能用它來預防天花。

一七九六年五月十四日，金納終於為家裡僕人的八歲兒子接種牛痘的膿液。男孩雖然抱怨有些微發燒和不太舒服，但並未出現嚴重的症狀。經過六週後，金納為男孩接種天花的膿液。結果如何呢？和金納預想的一樣，男孩並未發病。

以此天花預防接種為開端，十九世紀末開啟了一連串針對狂犬病、傷寒、霍亂、鼠疫的預防接種。因為預防接種，現在我們的身體才能做好防護對抗新的病原體。牛

9：日本奈良時代（七一〇年至七八四年）的京城，位置相當於現在奈良市的西郊。

痘病毒和天花病毒的ＤＮＡ鹼基序列非常相似，因此兩者的外形和性質也很像。我們的身體一旦記住牛痘病毒，以後只要發現這種病毒和與它極為類似的天花病毒侵入，便能立刻起身迎戰，將它擊退。

國家儲備天花疫苗

金納開發的天花預防接種轉眼間便傳到歐美各國，一八一〇年日本也透過中川五郎治的引介，經由俄羅斯傳入，但中川視種痘法為一種祕不可傳的技術，沒有傳授給其他人，所以僅有少數人知道，並不普及。

天花預防接種真正在日本普及是一八四九年的事。所謂的疫苗是經過無毒化或弱毒化的病原菌，透過接種讓體內對那種病原菌產生抗體，因而得以對傳染病免疫。

江戶時代末期更進一步在全國施打天花疫苗，也就是種痘。

天花不會感染人以外的其他動物，種痘即可完全預防，因此在ＷＨＯ主導的天花撲滅計畫下，一九七七年以後，世界各國不再有天花病例出現。

於是在一九八〇年五月八日，ＷＨＯ發表了世界根絕天花宣言。ＷＨＯ總部提議「將天花自地球上根除」是一九五八年的事，所以一共耗費二十二年的歲月才達成這項目的。

到二〇二〇年為止，在人類的傳染病中，天花是唯一一種已經根絕的疾病。雖說天花已從地球上根除，但以前是非常恐怖的疾病，甚至有部落因為它而全族滅絕。因此日本為了防範生物恐怖攻擊，國家已經儲備了天花疫苗預作準備。

20 我們身邊充斥會引起食物中毒的微生物

食物中毒為感染性腹瀉的代表

說到與我們最切身相關且頻繁發生的傳染病，應該就是由細菌或病毒引起的食物中毒。畢竟食物中毒與人類的歷史相伴相生。

食物中毒的原因大致分成「微生物（細菌、黴菌和病毒）」、「自然毒素」、「化學物質」三類，其中影響最大的是微生物。不同於以往，現在的食品以低鹽、低醣的產品居多，使得微生物更容易繁殖。

若說我們的日常生活中隨時潛藏著食物中毒的危險並不為過。事實上，食品安全最應當重視的就是防止食物中毒。

不同原因的食物中毒發生件數

病原菌、病毒	2019 年	2018 年	2017 年	3 年合計
諾羅病毒	6,889	8,475	8,496	23,860
曲狀桿菌（C. jejuni ／ C. coli）	1,937	1,995	2,315	6,247
產氣莢膜梭菌	1,166	2,319	1,220	4,705
沙門氏菌	476	640	1,183	2,299
葡萄球菌	393	405	336	1,134
其他致病性大腸桿菌	373	404	1,046	1,823
腸道出血性大腸桿菌（會產生綠猴腎細胞毒素）	165	456	168	789
蠟樣芽孢桿菌	229	86	38	353
合　計	11,628	14,780	14,802	41,210

出處：日本厚生勞動省「食物中毒發生狀況」（2017 ～ 2019 年）

日本厚生勞動省平均一年會接到大約一千件有關食物中毒的通報。觀察二〇一九年為止的三年間，一年有一千多件通報，患者數為一萬三千～一萬七千人左右。

依感染原因分別計算患者人數，排名前六名者如上表所示。感染前六名的病原菌或病毒的患者，幾乎占了患者總數的全部。

身體狀況不佳其實也有可能是食物中毒

上述這項食物中毒的統計是把為患者進行診斷的醫師通報給保健所，

保健所進一步通報給都道府縣主管食品衛生的部門，主管食品衛生的部門再上報給厚生勞動省的數據匯整而成。假使有人沒就醫，或者就算就醫，但只要醫師沒向保健所通報，就不會反映在統計數字上。

美國通常會進行主動、積極的流行病學調查，推斷食物中毒的實際發生情況。根據這項調查，估計在二十世紀末期，一年的食物中毒患者為六百五十萬～三千三百萬人。美國的人口將近日本的兩倍，因此可推測日本的食物中毒患者大約是美國的一半。大略猜想一年有三百萬～一千多萬人，應該不誇張。

原以為是感冒、睡覺著涼的症狀，說不定其實是食物中毒。家庭內發生食物中毒的話，由於症狀輕微，或是多半只有一、兩人出現症狀，並不容易察覺。因此也有不知道是食物中毒而演變成重症或致死的案例。

冬季引起食物中毒的諾羅病毒

「諾羅病毒」在病毒中體型偏小，因食用牡蠣等貝類造成食物中毒而為人所知。好發於冬季，尤其是十二月到隔年的一月，患者數量更會到達顛峰。

過去常說「食物中毒多發生在夏季。夏季一到就要小心食物中毒」，然而，患者數量最多的諾羅病毒食物中毒多半發生在冬季，因此我們必須改變這樣的認知。之所以好發於冬季，是因為牡蠣屬於冬季食材。

除了生吃帶有諾羅病毒的牡蠣造成食物中毒的情況之外，感染者的糞便、嘔吐物，或是這些乾燥之後產生的塵埃中所含的諾羅病毒，也會經由口腔造成感染，亦即二次汙染。

感染之後會引起非細菌性急性腸胃炎，出現腹瀉（水便）、嘔吐（突發性）的症狀，偶爾還會伴隨腹痛、發燒。潛伏期為一～兩天。

由於諾羅病毒對消毒用酒精等具有很強的抵抗力，因此用流動的水和肥皂清洗是最好的預防方法。另外，牡蠣等貝類要充分加熱，以中心溫度八五～九〇℃加熱九十秒

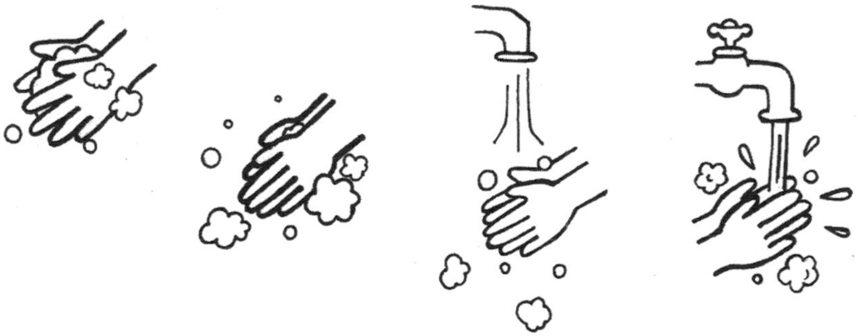

以上，烹調器具要經過煮沸消毒，或用次氯酸鈉消毒。

要預防食物中毒，原則就是「確實洗手」和「徹底加熱」。

切勿過度相信冰箱

曲狀桿菌引起的食物中毒，主要是食品和水被腸道內帶有這種細菌的家畜（牛、豬、雞）或寵物（犬、貓）等的糞便汙染，細菌便經由這些受汙染的食品和水感染人體而後發病。潛伏期為二～七天，症狀有腹瀉、腹痛、發燒，糞便中經常帶有血液。

此外，這種細菌很耐低溫，在四℃的環境下也能存活很長的時間。意思就是，切勿過度相信冰箱。

事實上，用冰箱保存食物並無法防止由細菌或病毒所引起的食物中毒。因為冰箱不能殺菌。冰箱確實具有避免細菌和病毒增生的效果，但沒辦法殺死它們，最好要有這樣的認識。

產氣莢膜梭菌食物中毒平均一件的患者數眾多

產氣莢膜梭菌廣泛分布於自然界，如土壤和水中，以及健康的人、牛、雞、魚等動物的腸道內等。

這種細菌會在腸內繁殖，形成芽孢時會釋放出毒素，導致中毒症狀發生。這種芽孢很耐熱，加熱後其他細菌都死了，它卻依然存活。營業用的鍋具很大，正好會形成這種細菌喜歡的缺氧環境，烹調後自然放涼，當溫度降到五〇℃以下，細菌的芽孢便開始發芽、繁殖。

因此，常見許多人在前一天便煮好大量的食物，加熱後放在營業用的大鍋子等烹調器具內，擺在室溫中放涼。和其他的食物中毒比起來，在家庭發生的比例很低。

沙門氏菌是日本人食物中毒的根源

沙門氏菌廣泛分布於自然界中，是一種會感染人、家畜、爬蟲類、鳥類等，引起「人畜共通傳染病」的細菌。

沙門氏菌不耐熱，徹底加熱可以防止食物中毒。不過現實中，常常因為加熱不夠久沒把細菌殺光，或是二次汙染等，引發食物中毒。

沙門氏菌很耐低溫、乾燥，可以長時間存活在低溫、乾燥的環境。主要導致食物中毒的食品有牛、豬、雞等的肉品和雞蛋。雞蛋要挑選新鮮、外殼完好的。

為了避免食物中毒

真空保存以防止細菌或病毒增生，或是加熱殺菌，對於多數由細菌或病毒引起的食物中毒都很有效。不過也有細菌像金黃色葡萄球菌毒素般具有高耐熱性，或如肉毒桿菌般喜歡缺氧環境，因此「不附著」、「不增生」、「洗淨」和「徹底消毒」非常重要。

冰箱和冷凍庫對於「抑制增生」有效，但對殺菌沒有幫助，因此要把它視為暫時保存食物的工具。

此外，殺菌和抗菌完全是兩回事，不要過度相信抗菌。山葵、薑、兒茶素等具有抗菌效果而非殺菌效果。以酒精可以消毒為由喝酒也是，其實酒精對有些細菌和病毒也起不了作用。

第3章 對我們生活有益的微生物

21 發酵和腐敗的差異為何？

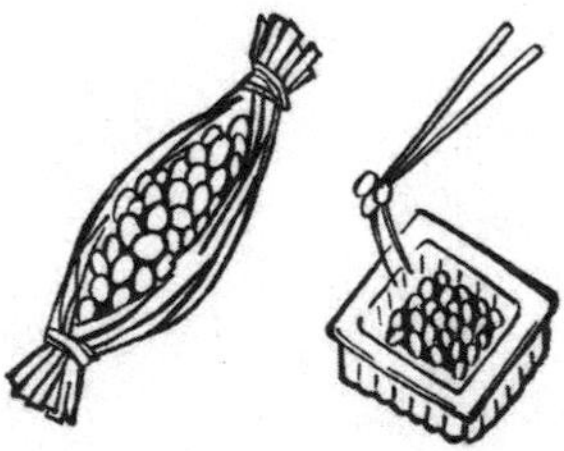

你喜歡納豆嗎？

「噁～怎麼這麼難聞！黏呼呼又臭臭的，我以前實在不覺得它是食物。」（印度／四十～四十五歲／男性）

「關於納豆，我常聽人說它『奇臭無比』，但吃的時候，臭味其實沒有那麼強烈。味道也比想像的好吃許多。問題是那直衝而上黏呼呼的口感。近似噁心想吐的感覺。」（義大利／三十～三十五歲／男性）（註）

許多頭一次看到或吃到納豆的外國人，似乎都有這樣的感想。對於日本人來說，納豆是每天不可或缺的美味食品，但要不是吃慣了，是不是也會和外國人有一樣的感覺呢？

明明同樣是微生物的作用

把食品放著不管，外觀、氣味或味道等就會漸漸產生變化，最後變得無法食用。這是因為食品中的蛋白質和碳水化合物等成分，在微生物的作用下被分解。我們稱這樣的現象為腐敗。魚和肉類的蛋白質被微生物分解後產生阿摩尼亞那樣的臭酸味，可說是腐敗的代表性例子。

另一方面，發酵也是食品成分在微生物的作用下逐漸被分解的現象，像是優酪乳和酒那樣，醣類被分解後產生乳酸和酒精等成分，這種情況可能比較容易理解。

這樣說來，很容易會以為蛋白質的分解＝腐敗、醣類的分解＝發酵，但實際並非如此。

腐敗現象固然常見於蛋白質含量多的食品，但米飯、蔬菜和水果等食物發生腐敗也是尋常可見的現象。再者，雖然原料相同，但在蒸過的大豆中加入納豆菌讓它繁殖，製作成納豆，這種情況叫做發酵；而將煮好的豆子放著不管，任其孳生納豆菌，進而產生黏性和阿摩尼亞臭味，這時就叫做腐敗。

另外，乳酸菌用來製作優酪乳或味噌也叫做發酵，但若在清酒中孳生就會被說成腐壞，遭人嫌棄。

如上所述，腐敗和發酵的差異並非來自微生物的種類和生成物的不同。微生物的作用對人類的生活有益時就叫做發酵，有害時則叫做腐敗。因此對喜歡納豆的人來說，它是發酵食品；但對不喜歡納豆的外國人來說，它不過就是腐敗品。只不過，納豆並非有害食品，因此腐敗品之說或許言重了。

若要匯整發酵和腐敗的差異，結果如下：

發酵：食品因微生物的活動而變成對人有用時。

腐敗：食品因微生物的活動而變成對人有害時。

腐敗與食物中毒

食物一腐敗，原本的顏色和味道等立刻變質，變得無法食用，但即使是這種狀態，只要裡面沒有會引起食物中毒的細菌或病毒，多半不會出現腹瀉、嘔吐之類的特定症狀。

反之，有時未腐敗卻有會引起食物中毒的細菌或病毒在裡面增生。食物中毒的案例，多半都是吃下外觀和氣味毫無異狀的食品之後發生的。

只不過，腐壞的食物處於容易孳生各種細菌的狀態，假使裡面附著了會導致食物中毒的細菌或病毒，便很有可能繁殖增生。

在我們居住的地球上，微生物無所不在。如果沒有這些微生物，不僅食品，連生物的屍體也永遠不會腐爛，而會不斷累積。那樣的話，地球上的屍體會堆積如山，最終物質循環也會停止。

我們總覺得腐敗是令人討厭的現象，但事實上，它是對地球上所有生物來說不可或缺的微生物的作用。

註：Mynavi News「訪問僑居日本的外國人，談初嘗納豆的印象」（二〇一七年一月五日發布）

22 葡萄酒、啤酒、日本酒和酵母菌

釀酒的主角

法國人路易・巴斯德（Louis Pasteur）在一八七九年發現了葡萄酒是酵母菌這種微生物的生命活動所產生的結果。

以生物的分類來說，酵母菌和黴菌、蕈類同屬於「菌類」。至今為止，人類已發現一千種以上的酵母菌。製作麵包所用的市售乾酵母（速發酵母），相信大家應該都很熟悉吧。

〈酵母菌的發酵〉

①準備約三〇℃的溫水一〇〇cc。

②加入一小匙的砂糖，再撒上約一公克的乾酵母。

③靜置兩個小時。酵母菌會漸漸開始大量分裂。

讓我們用顯微鏡來觀察。由於酵母菌是單細胞生物，直徑大約只有五～十微米（〇．〇〇五～〇．〇一公厘），因此無法用肉眼觀看。它就像植物細胞一樣，細胞膜的外側有細胞壁；細胞膜的內側則有塞滿DNA的細胞核、粒線體、液泡。

酵母菌以糖為食物。要是沒有糖，酵母菌是不會起作用的。

酵母菌攝入糖分後會將它分解，產生酒精和二氧化碳排出體外。這個過程稱為酒精發酵。摻了糖的液體便如上述般，透過酵母菌這種微生物的作用變成含有酒精成分的酒。舉例來說，若是葡萄酒，就是葡萄汁在酵母菌的作用下變成葡萄酒。

酒精發酵的過程中不只產生酒精，還會產生二氧化碳，但二氧化碳是氣體，所以只要不是在密閉狀態下進行發酵，就會不斷飄散到空氣中。也就是說，啤酒等含有碳酸成分的酒類，基本上都是在密閉狀態下發酵。

釀酒的歷史

各位知道，最古老的酒是什麼酒嗎？

那就是葡萄酒。自西元前四千年左右開始，美索不達米亞地區的人就會飲用葡萄酒。當時，蘇美人在伊拉克北部、底格里斯河和幼發拉底河沖積而成的美索不達米亞平原上，建造了人類最早的高度文明。蘇美人用壓爛的葡萄釀製成葡萄酒。

另外，西元前十七世紀～西元前十四世紀左右的希臘，人們也會將摘下的葡萄裝入桶子裡用腳踩爛，讓搾出的汁液自然發酵成酒。

就算不用葡萄而用其他水果，只要果汁含有糖分，都會因為酵母菌的活動發生酒精發酵。不過，似乎因為其他水果的糖分含量不像葡萄這麼多，可以得到的酒精量較少，或是風味、味道不佳，所以人們才會認為用葡萄以外的水果製成的含酒精飲料缺乏魅力。

歷史第二悠久的是啤酒。現存史料留有的紀錄是西元前三千年左右，同樣是美索不達米亞地區的人釀造出啤酒。

倫敦的大英博物館收藏了當時的一塊石板，石板上用楔形文字刻著人們釀造啤酒要獻給農耕之神寧赫拉的情景，畫面的中央有人正用杵在搗碎麥子去殼。

根據奈良時代（八世紀初）編纂的《播磨國風土記》的記載，一般推測日本固有的日本酒在當時已確立製造方法。

此外，與葡萄酒和啤酒比起來，威士忌等蒸餾酒的出現則晚了很多。最早有關蒸餾酒的紀錄是十一世紀初，在南義大利由醫師製造出的藥用酒精。

啤酒的原料大麥根本不含糖

酒的原料有各式各樣，除了用葡萄製作的葡萄酒之外，啤酒、威士忌、日本酒、燒酒等，幾乎所有的酒都是以米、麥等穀物為原料。

可是，米、麥的主要成分是澱粉。明明不含可以成為酵母菌食物的糖分，要怎樣進行酒精發酵呢？是的，就是將澱粉分解，轉化成糖。

像這樣製造出糖分叫做「糖化」作用。之所以要讓啤酒和威士忌的原料麥子變成「麥芽」（促使麥子稍微發芽）的狀態，是因為麥子發芽會產生大量的酵素，而酵素會分解澱粉，使糖化作用更容易發生。

日本酒、燒酒等日本酒類，從以前就是利用米麴菌促使原料的米或麥子糖化。被用來釀酒的米麴菌會產生澱粉酶這種酵素，將澱粉轉化成糖。這樣酵母菌才總算可以進行酒精發酵。

一般人熟知的酒品中，不需經過糖化的只有葡萄酒，如此便能理解葡萄酒為何是最古老的酒了。

酵母菌並非只有一種

如同前文所述，酵母菌的種類多到驚人的地步，一般認為自然界存在一千種以上的酵母菌。

釀造葡萄酒所使用的酵母菌是「葡萄酒酵母」。葡萄酒酵母原本就附著在葡萄酒原料的葡萄上，只是將葡萄果汁放著不管，酵母菌也會自然進行酒精發酵，但那樣的話很難釀造出優質的葡萄酒。該使用怎樣的葡萄酒酵母？又該如何調控其作用？可說是各家釀酒廠展現本領的地方。

釀造啤酒所使用的啤酒酵母，大致可分為「上層發酵酵母」和「下層發酵酵母」兩類。

在日本成為主流的是下層發酵酵母，採用低溫發酵。釀造出的啤酒，其特色是顏色清淡、澄澈。

另一方面，上層發酵酵母是以相對較高的溫度使其發酵。英國的艾爾和德國的白啤酒等啤酒製造廠就是使用這種酵母，可以釀造出帶有果實或花朵般、具有獨特香氣的啤酒。上層發酵酵母在把糖吃光、發酵結束時會浮在上層，因而有此名稱。反之，下層發酵酵母在發酵結束時會凝固下沉，因此得名。

日本酒所使用的酵母菌為「清酒酵母」。清酒酵母也有許多種類，自古以來，釀造日本酒都是採用飄浮在空氣中的「野生酵母」，或是常棲於釀酒廠的「藏付酵母」來製酒。

因此之故，各家酒廠釀出的味道和特色均大異其趣，即便是同一家酒廠，每一年，甚至每一桶釀出的酒都有差異。

而且常常因為雜菌孳生導致做不出好酒，據說每年約有近兩成不能拿來當作商品販售。

到了明治時代，人們知道酵母菌與發酵的密切關係後，為了讓每家酒廠每年的釀酒品質得以保持穩定，並減少發酵過程中受到雜菌汙染導致做不出好酒的風險，因而建立挑選優秀的酵母菌由各家酒廠共用的制度。

每年日本全國各地都會舉辦新酒品評會，被公認為最優秀的酒廠所使用的酵母菌會被分離出來，進行純粹培養。於是，現在全國具有潛力的酒廠主人都能使用那種酵母菌來釀酒。

只經過發酵的酒是釀造酒

利用酒精發酵製成的酒，酒精濃度有其上限。基本上做不出酒精濃度二十度以上的酒。要製作出酒精濃度更高的酒必須經過蒸餾。

啤酒、葡萄酒或日本酒等沒有經過蒸餾的酒，稱為釀造酒。只經過發酵的釀造酒具有容易保留原料風味的優點，但酒精濃度會在五～十五度左右，或是更低。

參考：日本酒造組合中央會網站（https://www.japansake.or.jp/）
朝日啤酒網站（https://www.asahibeer.co.jp/）
日本酒服務研究會網站（https://ssi-w.com/）

23 日本人的飲食生活中不可或缺的發酵食品

發酵食品所利用的微生物

「發酵食品」包含利用微生物製成，和沒有利用微生物製成兩種。這裡我想要談的是，利用微生物的作用製成的發酵食品。

被利用來製作發酵食品的微生物，主要是「黴菌」、「酵母菌」和「細菌」。黴菌和酵母菌都屬於「真菌」，相對於黴菌為絲狀、多細胞，酵母菌則是球形、單細胞。

我將利用何種微生物製作何種發酵食品，簡單匯整如下：

【黴菌】米麴菌（醬油、味噌、酒、醋、味醂）、青黴和白黴（乳酪）、鰹節黴（柴魚）

【酵母菌】（醬油、味噌、麵包、酒）

【細菌】納豆菌（納豆）、乳酸菌（優酪乳、醃漬物、醬油、味噌）、醋酸菌（醋）

日本的國菌「米麴菌」

發酵食品所利用的主要微生物中，尤其重要的就是「米麴菌」。二〇〇八年獲得手塚治蟲文化賞漫畫大獎的《農大菌物語》（石川雅之著）中，米麴菌也以菌中要角之姿登場。

米麴菌是一種「長在穀物上的黴菌」，這種說法或許比較容易理解。像是味噌、醬油、醃漬物、日本酒這種日本自古即有的發酵食品，一定要用米麴菌才做得出來。因此在日本，從平安時代末期到室町時代，「賣麴」是可以賺錢的生意。

亦即培養種麴販售的「種麴屋」。室町時代的京都有數間種麴屋，將培養出的種麴賣到酒鋪等處。

這種黴菌會將大豆或稻米中所含的蛋白質分解成胺基酸、把澱粉分解成糖，同時一邊成長。日本人的祖先從各種黴菌中發現有用的米麴菌，運用它們來製作味噌、醬油和酒之類的食品。

因此可以說，米麴菌為日本傳統的飲食文化帶來了非常大的影響。除了醬油和味噌之外，味醂、醋等日本獨特的調味料，都是少了米麴菌的作用便做不出來。

二〇〇六年，日本釀造學會以「我們的先進自古以來細心培育並加以利用的珍貴財產」為由，將米麴菌定為「國菌」。

醬油香四溢的野田

千葉縣野田市自古便以醬油的城鎮聞名。若搭乘東武鐵道野田線（東武城市公園線）在野田市站下車，立刻會有一股香噴噴的味道撩撥你的鼻腔。那是從車站附近的龜甲萬醬油工廠飄散出的香氣。

野田自江戶時代初期開始，便是能確保原料取得的最佳土地，像是關東平原培育出的優質大豆、小麥，以及江戶灣[10]生產的鹽。除此之外，野田還能取得釀造醬油不

10：即現在的東京灣。

可或缺的優質水源，在沒有鐵路的江戶時代已能活用江戶川作為運輸渠道，把醬油送往消費大城的江戶，因此十分繁榮。

據說早上從野田出發，順著江戶川而下，中午便能到達日本橋。野田就這樣成為全國第一的醬油產地，直至今日。

醬油的製作方法

讓我們實際來製作醬油吧！材料有大豆、小麥、米麴菌、酵母菌及乳酸菌。

〈作法〉

①用高溫把大豆蒸熟；小麥先以高溫炒過，再用碾碎機碾碎。
②將大豆和小麥混合，加入米麴菌。
③碾碎的小麥會包住含有水分的大豆，米麴菌則會覆蓋在其表面上。米麴菌會以大豆和小麥作為營養來源，不斷繁殖增生，大約三天便會產生「醬油麴」。

④在醬油麴中加入鹽水就會轉化成「醬油醪」。加入鹽水後米麴菌便會停止繁殖，其細胞內的大豆蛋白會逐漸轉化成胺基酸，小麥澱粉則會逐漸轉化成糖。如此生成的胺基酸和糖，就是醬油味道的基本成分。胺基酸和一部分的糖會進一步結合，產生出醬油獨特的顏色。

⑤經過一～兩個月後，酵母菌和乳酸菌吸收了生成的糖並開始活動。酵母菌將糖轉化成酒精，乳酸菌把糖轉化成乳酸，使得香氣和鮮味漸增。

⑥之後又過了幾個月，原本很活潑的微生物停止作用。醬油醪熟成。其間會供給氧氣和控制溫度等，讓酵母菌和乳酸菌的作用更為活躍。

從熟成的醬油醪壓搾出的醬油叫做「初搾醬油[11]」。初搾醬油會在槽中靜置三～四天，使表面的油和底部的沉澱物分離。最後再進行加熱作業。

11：在台灣，市面上通常標示為「無添加醬油」。

加熱的主要目的是殺菌，同時也可以利用加熱調整初搾醬油的色、香、味，使酵素停止作用以穩定品質。

順帶一提，沒有經過加熱的醬油稱為「生醬油」，清新的香氣和圓潤的風味為其特徵。生魚片或涼拌豆腐用「生醬油」或許比較對味。不過「生醬油」的氧化速度很快、風味也很容易變差，這點要特別注意。日本的法令規定，「生醬油」在商品標籤上務必要標示讀音「nama」，以免與「初搾醬油」混淆[12]。

各家醬油製造廠都會使用獨家的米麴菌菌株。因此每家釀造出的醬油，風味也或多或少有些差異。

相信各位已經能夠理解，確保優質的原料和打造一個促進微生物活躍作用的環境，對釀造美味的醬油很重要。不僅是醬油，這些對於味噌、乳酪、納豆等其他發酵食品的製造也同樣重要。

發酵食品的優點有這麼多！

①容易消化吸收、對腸道友善

發酵食品由於已被微生物消化到一定程度，因此進入我們的消化道後，消化吸收也會很順利。這也是發酵食品的優點。

納豆所含的營養成分就比只是煮熟的大豆來得更好消化和吸收。另外，優酪乳的蛋白質和脂肪已被乳酸菌分解，所以也比牛奶更容易消化。

②鮮味增加

食品中的澱粉在微生物的作用下會被分解為糖，產生甜味。同樣的，蛋白質一經分解，便會產生鮮味成分的麩胺酸和肌苷酸。

如上所述，發酵食品因為微生物的作用，在原料本來的味道上添加了獨特的風味，所以鮮味、酸味和香氣都會增加。

12：在日文中，初搾醬油寫作「生じょう油」，讀音為「ki-jyou-yu」；生醬油則寫作「生しょう油」，讀音為「nama-syou-yu」。

③營養價值提高

比較煮過的大豆和納豆的營養成分會發現，納豆含有七倍的維生素B_2、三倍的葉酸，而維生素K竟然有八十五倍之多。而且因為發酵所產生的納豆激酶這種酵素，具有使血栓溶解的作用。

如果是優酪乳，維生素B_2的含量同樣比原料的牛奶還多。

④保存性提高

一直放到酸腐的牛奶，經過發酵製成乳酪就可以長久保存。而容易受傷的鰹魚，製成柴魚便能長期保存。

另外，像泡菜這樣的醃漬物，乳酸菌的作用會讓蔬菜中的糖分轉化成乳酸，由於汁液保有酸性而得以抑制雜菌繁殖。因此，保存性高是發酵食品的特徵。

日本是世界第一的發酵食品大國

日本之所以被稱為發酵食品大國，原因在於其自古流傳下來的發酵食品種類相當豐富。

光是醃漬物就有一百種以上，單舉醬油一個例子來看，就有薄口、濃口等，種類十分多樣。而味噌也是一樣，每個地區均製造出不同的獨特味道。

除了日本之外，沒有一個國家擁有如此多種類的發酵食品。因此大家都說日本是世界第一的發酵食品大國。

參考：龜甲萬網站（https://www.kikkoman.co.jp/）

24 人體的常在菌

何謂常在菌？

我們還是胎兒時，在母親的肚子裡乃處於無菌狀態。但從出生的那一刻起，我們的身上便滿布著細菌，並要在這樣的狀態下度過一生。各式各樣的細菌和黴菌等「常在菌」附著在我們身體的表面，特別是皮膚和消化道內等與外界接觸的部位。

當我們提到常在菌時，通常不包含病毒，不過病毒當然也會棲息在我們的體內。

人體內的常在菌數量十分龐大，一般來說，以大腸為中心的腸道內約有一百兆個常在菌，口腔內約有一百億個，皮膚上約有一兆個。

人體的常在菌始於嬰兒誕生時

生產時，胎兒會通過產道（陰道等）。這時，母親體內一部分的常在菌會附著在嬰兒的皮膚、口鼻和肛門。分娩室的空氣中也飄盪著醫師、助產士、護理師、陪產者等人隨著屁一起放出的腸內細菌。這些也會被嬰兒吸入體內。

如果是剖腹產的話，細菌便不是來自母親的產道，而是來自母親的皮膚和醫院的環境。

近來分娩室都會進行消毒，但即使不是在分娩室得到細菌，嬰兒在成長過程中也會接收到主要來自母親的外界的細菌。

剛出生不久的嬰兒的腸道內為無菌狀態，出生後經過三～四個小時便有細菌棲息；開始哺乳後，細菌數量便會急速增加；出生一個月後，比菲德氏菌在腸內定居；經過副食品階段，三歲以後，細菌的種類便慢慢變得和成年人一樣了。

所有人就這樣開始與眾多種類、數量的常在菌，共生共存。

皮膚是保護身體不受外界病原菌入侵的防護牆

讓我們試著觀察常在菌棲息的皮膚。

覆蓋我們全身的皮膚是會感受季節，保護身體不受外在的刺激或細菌等感染，最貼近身體的器官。

皮膚可大致分為表皮（約〇．二公厘）、真皮（約一．八公厘）和皮下組織三個部分。表皮的最底層是基底層，新的細胞會不斷生成。新細胞會依序被推上表面，約在兩週內便逐漸形成最外側的角質層。角質層的厚度約〇．〇二公厘，非常薄，具有防止外界的刺激性物質侵入和避免水分流失的功用。角質細胞大約兩週就會慢慢脫落。這就是汙垢和皮屑。據說全身每天平均會產生三～十四公克。

換句話說，大約四週的時間（也有六週的說法）表皮就會全面更新。新細胞在基底層生成，花費二十八天移動到角質層後便脫落，我們稱為新陳代謝。

假使有危險的細菌附著在皮膚表面，四週內便會連同角質細胞一起脫落。

占皮膚約九五％的真皮，具有將營養和氧氣輸送到整個皮膚組織的重要功用。真皮的下方是皮下組織，含有脂肪，負責維持體溫，同時作為皮膚的保護墊。

皮膚的常在菌

多的時候，一平方公分的皮膚存在十萬個以上的細菌。尤其會藏在皮膚角質的縫隙等處。

代表性的皮膚常在菌是葡萄球菌的同類「表皮葡萄球菌」。葡萄球菌的同類，直徑為〇・八～一・〇微米，單獨一個時是球狀細菌，聚在一起時便呈葡萄串排列。表皮上有數億個表皮葡萄球菌，遍布整個皮膚。

表皮葡萄球菌又稱為「美肌菌」。以汗水和皮脂腺分泌出的皮脂為食物，將這些分解並產生脂肪酸，使皮膚表面維持弱酸性，還會產生可以滋潤皮膚的甘油類物質。

除此之外，皮膚上還有金黃色葡萄球菌（不僅是造成食物中毒的原因，還會引起傷口和疔子等化膿）、痤瘡桿菌（在面皰裡繁殖）、類白喉桿菌（產生狐臭）、黴菌的同類皮癬菌（引起足癬等）、酵母菌之一的皮屑芽孢菌（造成外耳炎或皮膚炎）、酵母菌之一的念珠菌（造成口腔念珠菌病、皮膚念珠菌病、生殖器念珠菌病的原因）等常在菌。

這些細菌也會成為致病菌。即便如此，只要皮膚常在菌保持平衡，不論有多少致病菌或黴菌都能守住健康。肌膚光滑潤澤就是皮膚常在菌維持良好平衡的證據。

不過，皮膚偶爾也會出狀況。平時安分守己的細菌因為某個原因而開始大量繁殖。化膿就是金黃色葡萄球菌造成的。

我們洗臉時會洗掉常在菌，但殘留在毛細孔等處的細菌通常會立刻開始繁殖，三十分鐘到兩個小時左右便會恢復原狀。可是，如果使用卸妝乳或洗面乳洗臉，就會造成皮膚偏鹼性而變得乾燥。這麼一來，表皮葡萄球菌等細菌便無法生活棲息。洗臉時也要考慮到常在菌，不要洗過頭。

25 腸道菌叢的作用

消化道內的常在菌

口腔到肛門的食物通道稱為「消化道」。人體的消化道是一條長長的管子，由「嘴巴」、「食道」、「胃」、「小腸」、「大腸」、「肛門」依序串連而成。

成年人的消化道約九公尺長。在消化道以外還有負責消化與吸收食物的器官，包括唾液腺、肝臟和胰臟等在內，統稱為「消化系統」。

我們吃下食物後，食物隨即通過口腔進入「食道」。食物在口腔內會被牙齒、唾液、酵素和約一百億個細菌分解。

過去一般都認為食道裡沒有常在菌，但二〇〇四年已經證實食道內有超過十種的細菌。

食物接下來會進入胃部，被胃酸和酵素消化。胃裡經常存在的細菌是幽門螺旋桿菌（以下簡稱為幽門桿菌）。一百年前所有人的胃裡都有幽門桿菌，然而因衛生習慣改善和抗生素的出現，現在只有一〇%左右的孩童有幽門桿菌。幽門桿菌確實可能導致消化性潰瘍和胃癌發生，但也能降低引起胃灼熱的胃食道逆流和食道癌等的風險。

小腸會消化大半的食物。這裡有對多數細菌有害的膽汁流入，而且小腸壁內側的皺褶上有許多小突起（絨毛），位於其間的培氏斑會向免疫系統通報異物的存在，使免疫系統發揮作用將細菌排除。這樣細菌便很難棲息在小腸內，所以小腸雖是消化道中最長的一段，但細菌並不多。

大腸擁有最多種類和數量的細菌。這裡是體內細菌密度最高的地方。大腸沒有培氏斑，容量比小腸大，蠕動比小腸和緩。一般推測腸道內棲息著大約一千種的細菌，以數量來說約一百兆個左右，其中絕大多數都位於大腸。以重量來說，腸內細菌重達一．五公斤。

差不多在二十年以前，經過對糞便內的細菌進行培養、調查的結果，一般認為大腸內的細菌約有一百種，不過提取細菌的DNA進行鑑別之後，發現有許多細菌是很難被培養出來的，因此這個數字必須再往上加。

此外，一提到腸內細菌，相信有很多人會立刻想到大腸桿菌。事實上，在大腸約一百兆個的細菌中，大腸桿菌不過占總數的千分之一左右。因此大腸桿菌稱不上是腸道內數量很多的細菌。

腸道菌叢的作用

腸內細菌中，不同的菌種會一邊建立各自的地盤，一邊群聚而生，構成腸內細菌群。就像植物的群生那樣，同種類的細菌覆蓋在腸子的壁面看起來就像花圃那樣，因而有腸道菌叢之稱。

大腸的腸內細菌以膳食纖維等小腸無法消化的東西為食。

而細菌死後在腸內被分解時，細菌內的糖、胺基酸、維生素B群和維生素K等會被大腸吸收。

我們從食物獲得的熱量中，其實有一五％是來自大腸的細菌。換句話說，這情況就像是我們把一部分的消化作業委託給自己的消化器官以外的大腸的細菌去做。

另外，會將消化作業委託給細菌的是牛、羊、山羊、大象（只有一個胃，但盲腸很大，裡面有無數的原生動物和細菌存在）、長頸鹿等反芻動物。牠們會將吃下的草先貯存在第一個胃，一面反芻，一面藉著胃裡的瘤胃微生物（瘤胃就是第一個胃，在裡面生活的微生物群）將纖維素分解。對這些動物來說，合成蛋白質所需的胺基酸和維生素的主要供應源不是吃下肚的食物，而是瘤胃微生物。

人類把牛等反芻動物當作家畜飼養，然後食用牠們的肉，等於是在利用瘤胃微生物，因為瘤胃微生物會將人吃了也無法消化的草轉變成人體容易攝取的優質蛋白質等營養素。

腸道是最大的免疫裝置

細菌、黴菌、病毒、寄生蟲和有害人體的化學物質（毒素）等，都會經由口腔進入到腸道。我們的消化道內部是非常危險的環境，外界的許多病原體和毒素等都會被送到這裡。小腸壁透過稱為絨毛的突起構造增加小腸的表面積，藉以提高吸收能力。其面積居然相當於一個網球場（約兩百平方公尺）的大小。光是這一點，便知小腸很容易就暴露在大量的病原體和毒素等之中。

病原體和毒素一旦從腸道侵入體內，位於腸道黏膜上皮的最前線防禦基地——腸道免疫系統便會開始運作。

此腸道免疫系統占整體免疫系統的六〇～七〇％，是體內最大的免疫裝置。

腸道免疫系統中的腸道菌叢也發揮著重要的作用。

那麼，我們應該攝取怎樣的食物才能確實維持腸道免疫系統的運作呢？

尤其推薦的是，含有膳食纖維和寡糖的蔬菜、豆類，這些能增進腸道蠕動，有效幫助比菲德氏菌等腸內細菌繁殖增生。此外，基本上最重要的是，飲食要兼顧營養與均衡。

腸道是第二大腦

當我們承受強大的壓力時就會引起便祕或腹瀉，這告訴我們大腦與腸道的關係非常密切。大腦和腸道有時會互相連繫，有時腸子則不借助大腦的力量，便自己進行蠕動等。這與小腸、大腸合起來共有約一億個神經細胞有很深的關係。此神經細胞的數量僅次於大腦，大腦約有一百五十億個以上的神經細胞。

一九八〇年代，美國的研究者麥可·D·葛森（Michael D. Gershon）博士發表「腸道是第二大腦」的學說，即說明了腸道的上述作用。

大腦一感受到強大的壓力，便會透過自律神經瞬間傳遞到大腸，引起便祕、腹痛或腹瀉。反之，腹瀉、便祕等大腸的功能失調，也會透過自律神經對大腦造成壓力。換句話說，這樣會變得容易發生壓力的惡性循環。

腦一旦感受到壓力，交感神經便會立刻運作，使腸道停止蠕動；或是相反的，副交感神經開始運作，使腸道過度蠕動而引發痙攣，或引起便祕、腹瀉。

糞便的內容

糞便的量及次數會因食物的種類、分量和消化吸收狀態而異，但正常的情況下，大概是一天一百～兩百公克，一天一次。一般說來，若攝取較多的動物性食品，量和次數都會比攝取較多的植物性食品時來得少。

糞便當中含有食物沒被消化的部分（殘渣）、消化液、消化道上皮脫落的細胞、腸內細菌等。水分大致占整體的六〇％，其餘的往往被認為是食物殘渣，但其實一五～二〇％是消化道上皮脫落的細胞（腸壁細胞的屍體），一〇～一五％是腸內細菌。

糞便強烈的臭味是來自腸內細菌製造出的惡臭物質（硫化氫、氨、吲哚、糞臭素等）。我們排便或放屁時，腸內細菌也隨之被散布到空氣中。

此外，屁的主要成分氮、氫、二氧化碳等其實沒有臭味。之所以會臭，是因為大腸內分解蛋白質的產氣莢膜梭菌等細菌和腐敗菌所產生的惡臭物質所致。

吃了許多含有大量蛋白質的肉類後，臭味物質便大量生成。

26 優酪乳有益健康嗎？

排放在超市貨架上的發酵乳飲料

人類自遠古時代開始飼養羊或山羊、牛、馬等家畜後，不僅利用牠們的肉和毛皮，還搾取乳汁飲用，不只直接飲用，後來更將搾出的乳汁發酵過後再喝。Yogurt、Leben（中東的發酵乳）、Dahi（印度和尼泊爾的發酵乳）、Kefir（或Kephir。俄羅斯高加索地區的發酵乳）、Kumis（蒙古主要用馬奶製成的發酵乳酒）等，全都是擁有長達一千年到三千年歷史的發酵乳飲料。

優酪乳等發酵乳飲料的保存性（貯藏性）遠比生乳佳，而且好喝，營養成分也優於生乳。發酵乳飲料的製造技術在傳承過程中不斷地改良，並培育挑選出品質更良好的種菌。現在，各地保留的傳統發酵乳飲料所使用的種菌也略有不同。

相信人們已從經驗中發覺到，喝發酵乳飲料能讓身體變好。現今，發酵乳飲料普遍被視為「益生菌」。所謂的益生菌，指的是會帶給人體好的影響的微生物，或是含有這些微生物的產品和食品。

益生菌的代表菌種是乳酸菌、比菲德氏菌。益生菌產業所生產的發酵乳飲料，可讓活著的益生菌直抵腸道，這些發酵乳飲料被密密麻麻地排放在超市的貨架上。

乳酸菌和比菲德氏菌是不同的菌

發酵乳飲料的主角是「乳酸菌」和「比菲德氏菌」。

事實上，並沒有一種細菌的正式名稱叫做「乳酸菌」。乳酸菌是會分解糖，將糖轉化成乳酸的細菌的統稱。可以製造出乳酸的細菌全都有資格稱為乳酸菌，但狹義的乳酸菌指的是「乳酸產生率超過五〇％的細菌」。光是符合這項條件的乳酸菌就有無數種。

人體中乳酸菌尤其多的部位是小腸和女性的陰道。

比菲德氏菌則會將糖轉化成醋酸和乳酸。由於乳酸的比例低於五〇%，因此不算是狹義的乳酸菌。但在廣義上，比菲德氏菌有時也包含在乳酸菌內。

眾所周知，喝母乳長大的幼兒，比菲德氏菌會立刻在他們的腸道內扎根。比菲德氏菌無法在有氧氣的環境下生長發育，因而經常棲息在沒有氧氣的大腸內。

乳酸菌有益健康的形象來自梅契尼可夫的學說

乳酸菌、比菲德氏菌有益健康的觀念，可以追溯到俄羅斯的微生物學家梅契尼可夫（Ilya Ilyich Mechnikov，一八四五～一九一六年）。

二十世紀初期，他提倡「大腸內的細菌製造出的毒素正是老化的原因」的自體中毒說。與此同時，他又認為「保加利亞的斯莫梁地區長壽的人很多，其要因之一就是優酪乳」，因而主張被他稱為保加利亞菌的細菌會製造出乳酸，而乳酸會殺死腸道內的細菌。

他自己也大量飲用優酪乳，努力讓大腸充滿乳酸菌，藉以驅逐會造成老化的大腸內的細菌（後來才知道乳酸菌不會棲息在大腸內，就算活著的乳酸菌抵達大腸也無法扎根）。

梅契尼可夫表示，攝取乳酸菌可以讓乳酸菌在腸道內繁殖，抑制有害細菌繁殖增生，帶來健康和長壽。他的說法造成強烈的影響。

乳酸菌、比菲德氏菌真的有益健康嗎？

不過，喝乳酸菌飲料能長命百歲、不生病一事，目前尚不明朗。就二十世紀中葉以後的統計來看，保加利亞人的平均壽命也不長。

而且，即使飲用含有活乳酸菌的飲料，乳酸菌也會在胃部被胃酸殺死，不可能活著抵達腸道。

一九三〇年代，日本的微生物學家代田稔培養出生命力強韌的乳酸桿菌（乾酪乳酸菌代田株），能夠不被胃酸破壞、活著抵達腸道。一九三五年，他把它放進發酵乳中培育，製造出被稱為「養樂多」的瓶裝飲料。

不過活著的乳酸菌雖然能抵達腸道，卻無法在腸道內定居，僅是通過而已。即便如此，有人認為在通過腸道的期間，它會分泌出能為常在菌帶來有益影響的乳酸和醋酸等物質，或成為常在菌的食物，對腸道菌叢帶來好的影響。

現在，乳酸菌和比菲德氏菌也成了保健食品。不過即便是高濃度的益生菌產品，每一小包也僅含數千億個細菌。常住在腸道內的細菌數量是它的數百倍以上。

也許，不要高估攝取益生菌能為人體帶來的功效比較好。只是美味、營養成分豐富，也可以算是優良的食品。

由於有各種益生菌，我們只能視自己的身體狀況，找出適合自己的產品。

益生菌大抵上都被歸類為食品，而非醫藥品。因為醫藥品有嚴格的規範，而食品的話則非常寬鬆。

EU（歐盟）在二〇〇七年對食品和保健食品的製造商提出要求，既然益生菌能讓身體「更健康」、「更有活力」、「變瘦」，就應該提出足以作為證明的標示。不過廠商並未做出令人滿意的回應。二〇一四年，歐盟便禁止食品的包裝上使用「益生菌」一詞。

不過，關於益生菌的想法其實是站得住腳的，因此的確有可能藉由攝取適當的微生物，或是塗抹在皮膚上而有益於健康。

27 利用肉毒桿菌毒素來美容？

芥末蓮藕中毒事件

一九八四年發生真空包裝的芥末蓮藕引起肉毒桿菌的集體中毒事件，日本全國有三十六人出現中毒症狀，其中十一人死亡。

之後的調查從工廠使用的生芥末粉中驗出肉毒桿菌毒素。一般推測是芥末粉因某種原因受到微量細菌汙染，而摻有這種芥末粉的芥末蓮藕經過真空包裝處理，對厭氧性的肉毒桿菌來說成了適合生長的環境，使得汙染情況惡化。

感染肉毒桿菌會出現以下的症狀：

〈感染肉毒桿菌的症狀〉

眼瞼下垂、便祕、複視、口渴、虛脫無力、步行困難、呼吸困難

所謂的複視，就是把一個物體看成兩個的視功能障礙，懷疑是肉毒桿菌中毒時，這是最好的診斷依據。

肉毒桿菌的發現

在歐洲，尤其是德國等地，一千多年以前就曾發生火腿或香腸導致食物中毒的意外。一八九五年，比利時有個村莊舉辦葬禮時，負責演奏音樂的樂師們吃了餐點中的火腿後，有二十三人出現症狀，其中三人死亡。

調查這起事件的根特大學教授爾緬鑑（Émile van Ermengem）在剩餘的火腿和死者的脾臟中發現了桿菌（棍棒狀或圓筒狀的細菌的統稱），並將此菌的培養液注入實驗動物的體內，證實會跟人一樣出現麻痺而後死亡。這種細菌被取名為「肉毒桿菌（*Clostridium botulinum*）」。botulinum源自於拉丁文，代表香腸的意思。

肉毒桿菌毒素

肉毒桿菌分泌出的毒素即便在毒物中也是最強的，其毒性是氰化鉀的數十萬倍。不過這種毒素的耐熱性很低，在八〇℃下三十分鐘，一〇〇℃的話大約一～兩分鐘就會漸漸失去毒性。然而在「芥末蓮藕中毒事件」中，混入芥末粉的是肉毒桿菌的「芽孢」，耐熱性很高。

為了防止肉毒桿菌中毒發生，相關法令規定罐頭、瓶裝罐頭、調理包等食品在製造時，其中心部必須以一二〇℃的溫度加熱殺菌四分鐘。

肉毒桿菌毒素的特徵是會對神經系統產生作用。肌肉收縮時，延伸到肌肉的神經細胞末梢會釋放出一種叫做「乙醯膽鹼（Acetylcholine）」的神經傳導物質。這種刺激會促使肌肉收縮。

然而肉毒桿菌毒素會阻礙乙醯膽鹼的釋放。因此一旦這種毒素侵入體內，全身的肌肉會變得無法收縮。這會使轉動眼球的肌肉變弱，因而把一個物體看成兩個、眼瞼下垂、手腳使不上力。更甚的是，倘若呼吸肌麻痺則會導致死亡。

毒素的活用

如上所述，肉毒桿菌毒素確實很可怕，但現在人們運用「阻礙神經傳導物質的釋放，讓肌肉鬆弛」這項作用，把它當作藥物廣泛地加以利用。這種毒傳遍全身的話很危險，所以要精確地注射到想要鬆弛的肌肉。

舉例來說，要治療因眼瞼肌肉不自主地過度收縮而引起的「眼瞼痙攣」，將肉毒桿菌毒素製劑注入眼瞼肌肉便能止住痙攣；腦中風或脊髓損傷導致手腳肌肉持續強烈緊繃等情況，同樣可以使用肉毒桿菌毒素製劑來舒緩緊繃。這種情況的治療費適用於保險[13]。

肉毒桿菌毒素有時也被用於美容上，不過這種情況不適用保險，屬於自費醫療。即舒緩表情肌的緊繃，除去臉部的皺紋。注射後兩～三天效果會開始顯現，兩週後達到效果最明顯的狀態。

〈主要副作用〉

頭痛、眼睛感覺異常、眉毛下垂（眉毛位置下降）、眼瞼下垂（眼皮往下掉）、注射部

位疼痛與發炎

如果是第一次，眉間、眼尾的治療費各二萬五千日圓；眉間加眼尾約四萬日圓[14]。效果可持續三~四個月，並非永久，所以一旦開始，可能就要一再反覆施做。

參考：御茶水井上眼科診所網站（https://www.inouye-eye.or.jp/clinic/）
酒井健司〈薬にもなるボツリヌス毒素（也能當藥用的肉毒桿菌毒素）〉（朝日新聞電子版二〇一七年五月一日發布）

13：目前台灣的健保雖有給付成人中風後之手臂或下肢痙攣的肉毒桿菌素注射治療，但需通過事前審查。

14：此為日本的情況，台灣讀者可至各大醫美診所洽詢。

28 微生物對我們的生活極為有用

用微生物製造鮮味調味料

現在，基本味道除了酸、甜、苦、鹹四種之外，又加上第五種的鮮味。

一九〇八年，池田菊苗博士發現昆布高湯的味道成分是麩胺酸，將它命名為「鮮味」。

鮮味是由日本人最先發現的基本味道。因此，現在鮮味以「Umami」之名，成為國際通用的詞彙。那之後，研究人員又從柴魚的鮮味成分中發現了肌苷酸，更發現乾香菇的鮮味成分是鳥苷酸。

目前市售鮮味調味料的食品添加物標示法方面，一般會將麩胺酸鈉標示為「調味劑（胺基酸）」，肌苷酸鈉、鳥苷酸鈉則標示為「調味劑（核酸）」。若是使用多種類調味劑的話，法令允許將標示簡化為「調味劑（胺基酸等）」。

麩胺酸鈉被製成產品販售之初，是使用含有大量胺基酸的小麥蛋白作為原料。現在則是用發酵法製造。原料是甘蔗製糖後的產物糖蜜（甘蔗製糖後剩下的液體），利用微生物（麩胺酸生產菌）將它轉變成胺基酸後，經過精製、中和、濃縮、結晶、乾燥的工序製成。

肌苷酸鈉、鳥苷酸鈉的製造也是先開發出使用酵母核酸的量產法，現在則是以糖蜜為原料，和麩胺酸鈉一樣利用發酵法製造。

獲得諾貝爾生理醫學獎、源自日本的治療藥「伊維菌素」

日本北里研究所的大村智長年持續分離土壤中的微生物，分析該微生物所分泌的物質，並不斷研究其藥用功效。在研究的過程中，他於一九七九年發現，從靜岡縣伊東市川奈的土壤採得的一種放線菌（細菌的同類）會分泌出「阿維菌素」這種物質。而從阿維菌素衍生製造出的藥物就是「伊維菌素」。

阿維菌素被廣泛用來預防家畜和寵物受到血絲蟲這種線蟲的感染。不久便發現它對人同樣有效，對於治療河盲症這種寄生蟲病也很有效果，因而開發出人體用的伊維菌素。

河盲症是透過蚋（蒼蠅的同類）的叮咬，將線蟲輸入人體後造成感染。當增生的線蟲進到眼睛，便會導致失明。

一年有高達兩億的河盲症患者因伊維菌素而得救。此外，已知它對又稱為象皮病的淋巴絲蟲病、估計全世界有數千萬人感染的糞小桿線蟲感染症（糞小桿線蟲寄生於消化器官的寄生蟲病）等也具有療效，尤其是在熱帶和亞熱帶地區的開發中國家，它挽救了許多人的性命。

二〇一五年，大村智因伊維菌素的開發獲頒諾貝爾生理醫學獎。

二〇二〇年，澳洲的研究團隊發表了伊維菌素可有效抑制新型冠狀病毒繁殖的研究結果。這是在實驗室內使用細胞做出的結果，研究團隊認為還需要進行更多相關的研究。

我們從黴菌、酵母菌、蕈類等真菌中提取成分，製作出高血脂症藥、免疫抑制劑和抗癌劑等醫療藥品。現在也可望能利用米麴菌的同類，開發出可有效防治蚜蟲等害蟲的農藥。

目前我們已知的黴菌、酵母菌、蕈類等的真菌約有十萬種，一般認為地表上的未知真菌的數量超過目前的十倍。全世界的細菌獵人正在四處尋找有益於醫療藥品和健康食品開發的新種微生物。

有關清潔劑的研究

一九八七年四月，花王推出含有酵素的小型濃縮洗衣產品「一匙靈」。廣告詞是「一匙就能換來驚人的潔白」。

在那以前的洗衣產品，一次洗濯要使用一、兩杯的量，而現在的用量則大幅地減少，洗衣產品的外包裝也跟著變小了。這是因為小型濃縮化技術再結合添加alkaline cellulase這種在鹼性環境下也能產生作用的酵素，雙管齊下後使得洗淨力增強。

清潔劑製造商決定要開發無磷洗衣產品。添加酵素的用意在於提高因無磷化而下降的洗淨能力。清潔劑製造商的研究人員將無數的酵素和其他物質隨洗衣產品一起倒入洗衣機，努力找出可以提高洗淨力的線索。

花王將alkaline cellulase加入後，衣物被洗得非常乾淨。

就這樣，含有酵素的小型濃縮洗衣產品問世了。

微生物在環境淨化上大顯身手

一般住家的廚房、浴室等所排放出來的水、水洗式廁所的排放水、工廠和工作場所的排放水，以及下雨、下雪所流出的雨水、雪水，均統稱為汙水。現在會用管子連接，將這些汙水集中在一處，設置汙水處理廠加以處理。

多數汙水處理廠都採行使用微生物的分解處理方法，名為活性汙泥法。

如同我們透過細胞從營養素（有機物）和氧氣汲取能量，轉化成二氧化碳和水一樣，微生物也會從髒汙（有機物）和氧氣汲取生活所需的能量，轉化成二氧化碳和水。而處理過的水會送入第二沉澱池，將上層的清水殺菌後排入河川或海洋。

第4章
世界到處都充滿著微生物

29 微生物是怎樣的生物？

微生物小到肉眼看不見

所謂的「微生物」，就是一群人的肉眼看不見的微小生物。它指的不是某種特定的生物，而是包含各式各樣的生物，例如：

- 細菌類（乳酸菌、大腸桿菌等）
- 菌類（黴菌、蕈類、酵母菌等）
- 原生生物（變形蟲、微細藻類等）
- 病毒　等等

肉眼可見的極限雖然有個別差異，但大致在〇．一公厘左右。幾乎所有的微生物都遠遠小於這個數字，非得使用顯微鏡才能夠觀察。

我們稱一般的顯微鏡為光學顯微鏡，用這種顯微鏡可以把微生物最大放大到兩千倍再進行觀察。不過，細菌類等微生物放大一千倍後，看起來也只有幾公厘大。

而病毒又比細菌類更小，大約是細菌的十分之一到一百分之一，小到必須用電子顯微鏡才看得見。微生物就是小到這種程度。

微生物在分類上的地位

一直要到十九世紀中葉，所有的生物才被分為「動物」或「植物」。分類方式是把活動旺盛、會捕食的稱作動物，除此以外的稱作植物。

由於是畫一道線將生物界分成動物（動物界）和植物（植物界）兩個世界，因此我們稱這種見解為兩界說。

之後，五界說成為主流，分類方式如下：

①捕食為生的「動物界」
②行光合作用的「植物界」
③吸收營養維持生命的「真菌界」
④菌類以外的單細胞生物，且細胞核有核膜包覆的「原生生物界」
⑤單細胞生物且細胞核不明確的「原核生物（Monera）界」

在此種分類方式中，細菌類屬於「原核生物界」，菌類屬於「真菌界」，原生生物則被納入「原生生物界」。以前，包括昆布、裙帶菜等的藻類均被視為植物，但現在它們和變形蟲等同樣屬於原生生物界。

近年進行了大量基因層級、分子層級的研究，得知過去一般認為很單純的原核生物，其實種類非常的多，並逐漸清楚其與其他「界」生物的類緣關係。

由於愈來愈難像過去那樣將原核生物歸成一類來看，後來便在「界」之上增設三個「域」，作為最高一級的分類。

微生物的分類

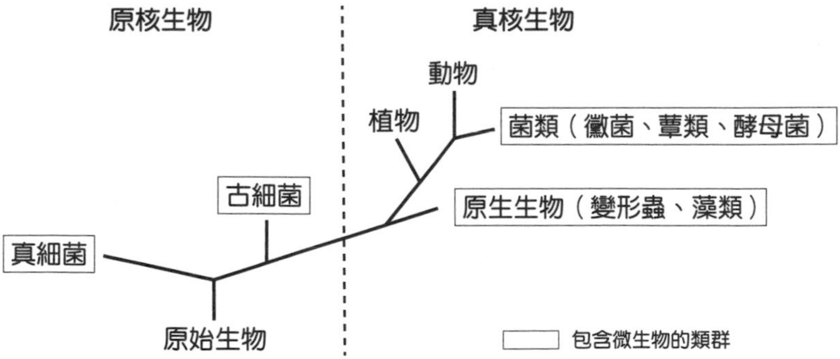

根據這樣的見解，所有的生物被分成三大域：①真核生物域、②真細菌域、③古細菌域，微生物也包含在此三域中的某一域。

微生物的發現

在微生物的存在幾乎不為人知的年代，精力充沛地觀察大量的微生物，並向世人介紹世界滿布微生物的人是雷文霍克。

雷文霍克是十七世紀荷蘭的織品商人，為了判定織品品質好壞而自製鏡片。他有空時便打磨玻璃珠當作鏡片，技術也日益純熟，最後做出放大倍率二百七十倍的顯微鏡。這在當時是世界具有最佳性能的顯微鏡，放大倍率高達一般顯微鏡的十倍。

原本就好奇心旺盛的雷文霍克，利用這台顯微鏡觀察各式各樣的東西。於是，超乎想像的世界便在那鏡頭下展開。長得像小鰻魚還是蚯蚓的東西；有著長長的角，四處游來游去的東西；宛如軟木塞開瓶器，呈螺旋狀的東西……，無數的微小動物在蠕動著。

他寫下當時的驚訝和感動：「一滴雨水中有無數的小蚯蚓在蠕動，整個水筒直像有生命一般。」

當中尤其令他感到驚訝的是，對「齒垢」的觀察。他刮下自己的齒垢進行觀察，發現牙齒表面竟然覆滿到處動來動去、令人眼花撩亂的生物。不但如此，他還採集了出生後不曾刷過牙的年長男性的齒垢加以觀察，這回他的描述是：「唾液彷彿是活的一般」。這是人類對口腔內活生生的細菌最早的觀察紀錄。

在他長達四十年不懈地觀察之下，各種「原生生物」、「酵母菌」、動物的血球和精子等接二連三被發現。為了讓大眾知道這些觀察紀錄，他不斷將紀錄送去當時科學界的權威——倫敦皇家學會。負責檢視這些紀錄的是物理學家羅伯特．虎克（Robert

Hooke）。

虎克因使用自製顯微鏡發現細胞而聞名。他所使用的顯微鏡不是雷文霍克使用的那種，而是用很薄的鏡片組合而成，放大倍率頂多三十倍左右。這種類型的顯微鏡一提高倍率，就會變得看不清楚。

也因為這個緣故，虎克高度肯定雷文霍克的觀察成果，那篇報告後來被刊登在學會的刊物上。

不過，起初雷文霍克的發現確實受到世人矚目，但後來人們的關心逐漸淡去。人們說：「我知道世界上充斥著微生物，那又怎樣？」

當時大眾普遍不知道微生物會引起各種疾病，以及在環境中所扮演的角色，或許這也是很無可奈何的事。

雷文霍克的研究及微生物就這樣暫時被埋沒在歷史中，直到十九世紀巴斯德和柯霍登場後，才再度受到矚目。

30 何謂細菌類？

所謂細菌類指的是什麼？

乳酸菌、大腸桿菌等名字叫做「○○菌」的，大致上都屬於細菌類。它們是微生物中體型尤其小的一類，如大腸桿菌只有三微米，而會引發肺炎的黴漿菌，大小甚至不到一微米。

細菌類的外形，有圓的（球菌）、呈棍棒狀（桿菌）或螺旋狀（螺旋菌）等等。雖然是單細胞生物，但有些會像念珠般連在一塊共同生活，如球菌等。

細菌類包含「真細菌」和「古細菌」兩大類群。一般說到「細菌」，通常指的是真細菌。而所謂的古細菌，則是生活在溫泉、海底熱泉噴發口、鹹水湖等極端環境的細菌類，它們是倖存下來的原始生命，被認為是生命的起源。

真細菌是一群在很早的階段就從古細菌分化出來，並獨自演化的微生物。雖然比古細菌晚出現，但現在已相當能適應地球上的種種環境。

跟古細菌比起來，真細菌喜歡平穩的環境，因此就在我們的身邊繁衍生息並不稀奇，乳酸菌和大腸桿菌也包含其中。另外，與植物同樣藉由行光合作用產生氧氣的藍藻，也是真細菌的同類。

細菌類的構造

我們身體的細胞有被核膜包覆、清晰可見的細胞核，細胞核內則存放著含有基因（DNA）的染色體。細胞核的周圍是內質網、粒線體等，有好幾層膜、纖維和滿滿的顆粒，我們稱這些為「胞器」。而擁有這種構造的細胞稱作「真核細胞」。

相較於真核細胞，細菌類的細胞非常簡單。沒有核膜，DNA只是偶然地排列在細胞的中心附近。我們稱這樣的細胞為「原核細胞」。除了核醣體等之外，原核細胞並不含胞器，可是細胞被結構堅固的細胞壁包覆著，有的還會長出鞭毛或纖毛活躍地

細菌類的構造

真核細胞的構造

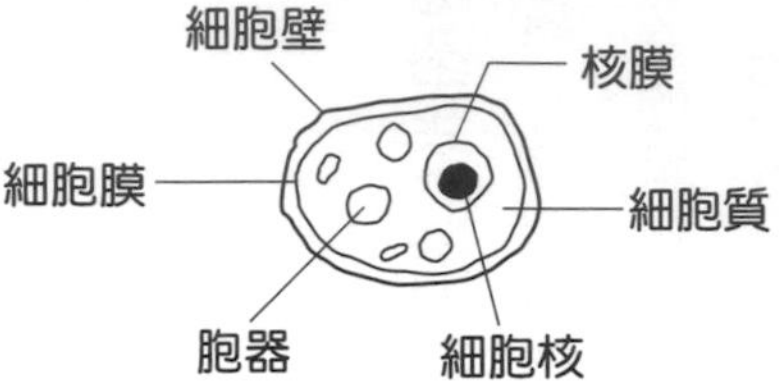

原核細胞的構造

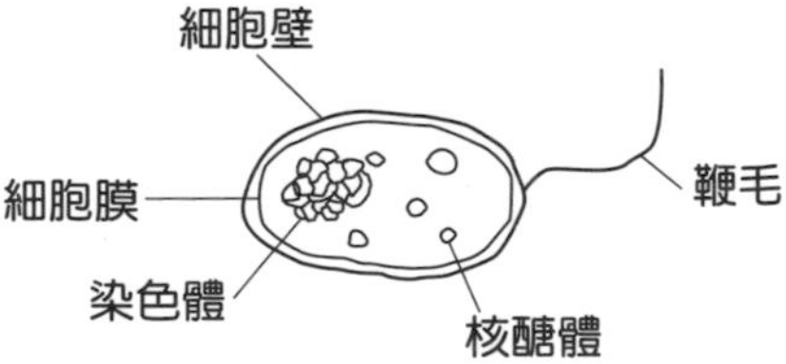

運動。

細菌類是地球的主宰者？

現在，從大氣層外到地殼深處，從深海到生物體內，細菌類在地球各個角落繁衍興盛。即使在沸騰的熱水或像冰一樣的冷水中也能大量繁殖，又具有抗輻射的能力，有些還能在有毒物質或強酸中生存。細菌類基本上都是靠分解死去的生物來獲取營養，但也有些會寄生在活的生物體內。有像藍藻那樣利用光的能量製造養分的細菌，也有即使沒有光也能利用無機物自行製造出養分的細菌。單一類群中含有如此多樣的生物，可以說非細菌類莫屬。

一如上述，細菌類不論棲息場所和生活方式都很豐富多樣，在數量上也凌駕其他生物。舉例來說，有研究人員指出，棲息於人體腸道內的細菌類，數量甚至多達本人細胞數的十倍。

如果我們把目光轉向海水和土壤，那裡有數以萬計的細菌類生息其中，只是我們看不見罷了，若說它們是地球上的最大勢力也不為過。

而且這些生命自誕生以來，便大致維持著本來的樣貌並存活了四十億年。這中間甚至大大地改變了氣候、形成岩石和礦床、對生物的演化帶來莫大的影響。

假使有外星人造訪地球，以客觀的角度來看待這樣的事實，恐怕會斷定「主宰這星球的是細菌類」吧。

「低等」生物的偏見

我們人類，無論如何就是很容易以自我為中心來看待事物。這麼一來往往很容易就把人和其他哺乳類視為「高等」生物，把除此之外的植物、菌類，更不要說是細菌類等，全都視為「低等」生物。

的確，走一趟動物園或水族館就能看到哺乳類令人讚嘆的多樣性，身體構造也遠遠複雜得多。相對於此，細菌類原本就無法以肉眼看見，即使用顯微鏡觀察，看起來也都大同小異。不過正如有句話說：「Less is More（少即是多）」，單純的事物正因為其單純而充滿精彩。

我們多細胞生物的細胞是以大量聚集、分工的方式逐步慢慢進化。每一個細胞都是「專才」，它們各司其職，使個體得以生存下去。假使將它們拆散，細胞應該會立刻死亡。

而以細菌類為首的單細胞生物，則是將所有功能全都塞進一個細胞裡，選擇「通才」的生存方式。構造雖然簡單，區區一個小細胞便具備生存所需的所有功能。

生物的演化並沒有何者較進化，或是孰高孰低之分。不過就是生存方式的不同，既然活在同一個時代、同一個地球，人和細菌及其他生物便一律平等，全都是「成功者」。

31 何謂菌類（黴菌、酵母菌的同類）？

真菌與細菌

日文「ばいきん」的漢字寫作「黴菌」。「黴」是發黴的黴，「菌」是菌類和細菌類的菌。這個詞帶有髒汙、對身體有害的印象，不知是不是因為這樣，才沒有把黴菌、菌類、細菌類等名稱上有「黴」和「菌」的生物全混在一起看待。不過，以黴菌為代表的菌類和細菌類確實是完全不同的生物。

相對於細菌類，我們稱黴菌、蕈類、酵母菌等菌類為真菌，兩者有如下的差異：

〈真菌的細胞〉

細胞內有細胞核和胞器。真菌的細胞很大，中心有核，並有粒線體和內質網。

〈細菌類的細胞〉

細胞內沒有細胞核和胞器。細胞很小，沒有明確的核及胞器。

如上所述，真菌和細菌是名稱相似，但完全迥異的生物。

那麼，為什麼真菌要分為黴菌、蕈類、酵母菌等不同稱呼呢？其實這種區分純粹是根據外觀而來，並非正確的分類。倒不如換個說法：這些區分其實代表了不同的生存方式。

即使是同種類的菌類，在不同時期也可能有不同的生存方式，有時像黴菌或是蕈類，有時像酵母菌，有的時候更是像變形蟲那樣生存。雖說外形和生存方式不同，但任何一種菌類，作為其菌體基礎的細胞構造都是相同的，這一點和我們動物的細胞非常相似。

真菌的外形

真菌的外形有①菌絲型和②酵母型兩種。

①菌絲型的特徵

若用放大鏡仔細看長在橘子和麻糬上的青黴，便會發現白色毛茸茸的上頭覆蓋著一層略帶藍色的粉末。這白色毛茸茸的東西，是由絲狀細胞縱向連接而成的「菌絲」群。略帶藍色的粉末則是被稱為「孢子」的生殖細胞。

雖然同樣為生殖細胞，但精子和卵子要結合之後才能產生子代，孢子則會自行發芽，產生新的個體。

像香菇那樣的蕈類也屬於菌絲型的真菌。說蕈類是黴菌的同類，也許讓人一時無法會意過來，但把蕈類用手一撕便立刻縱向裂開，露出裡面像纖維的部分。那是菌絲束，由此可知蕈類也是菌絲型的真菌。多數蕈類的孢子是在蕈傘內側的蕈褶生成的。

②酵母型的特徵

酵母型的真菌指的是菌絲不會聚集成菌落，而是以單細胞形式生存的菌類。也不會產生孢子，繁殖時是以分裂的方式，或長出「瘤」狀的芽後與母體分離，直接成為子代（叫做「出芽」）。

菌類的繁殖方式——無性生殖與有性生殖

生物的繁殖方式有利用「性別分化機制」的「有性生殖」，和非利用「性別分化機制」的「無性生殖」兩種。

所謂的「性別分化機制」指的是，比如性別被分成雄性、雌性，而這些不同性別的細胞結合後會產生下一代。過程中，雄性的基因和雌性的基因會互相混合，使子代擁有嵌入雙親基因的個人獨特的基因。

另一方面，黴菌和蕈類是利用「孢子」繁殖，酵母菌則是透過「分裂」或「出芽」增生。在這種情況下，由於過程中不會發生異性間的基因混合，因此產生的子代會擁有和親代完全相同的基因。以上述方式產生出擁有與親代完全相同基因的子代，稱為殖株。菌類基本上是靠無性生殖不斷地增加殖株。

真菌的外形和繁殖方式

菌絲型	酵母型
黴菌或蕈類的同類	
↓	↓
利用孢子繁殖	出芽生殖

不過並非一直採取同樣的方式。無性生殖固然有利於增加數量，但因應變化的能力很弱。要留下有各式各樣基因的子代，就需要靠有性生殖。

因此，許多菌類是同時採用無性生殖和有性生殖兩種方式。舉例來說，自蕈傘飛散出去的孢子，若附著在能提供它養分的有機物上就會發芽，長出菌絲並產生殖株。到這裡為止是無性生殖。這樣的菌絲若在生長過程中接觸到擁有不同基因的菌絲，並與之合體，就會變成有兩個核的狀態。然後一路成長，最後便長成新的蕈株。當蕈傘長出孢子，兩個核總算合而為一，基因也跟著混在一起。換句話說，在菌絲合體到孢子形成的這段期間會進行有性生殖。

菌類就是靠著靈活運用無性生殖和有性生殖，成功適應各式各樣的環境。

32 何謂病毒？

病毒是很微妙的存在

病毒是像微生物那樣的顆粒，與其他微生物一樣具有感染性。其大小在微生物中小到只有小型細菌的十分之一左右，舉流感病毒為例，其大小大約僅有一百奈米。

前面寫到它「像微生物」，但其實病毒是很難界定為生物或非生物的微妙存在。因為其內部雖然有構成基因的核酸（DNA或RNA）並會繁殖增生，但同時擁有下列這些無法被歸類為生物的特殊性質。

①不具備細胞結構

②不消耗能量
③必須寄生在某個生物的細胞上才能繁殖
④條件具備的話就會像冰或鹽那樣「結晶化」

話雖如此，但若仔細觀察病毒的特性、結構和作用，便覺得還是無法將它界定為「非生物」。只要試著像生物那樣去分析病毒的基因就會知道，病毒的世界顯然也存在各式各樣的親戚關係，它不可能單純只是個物質。像這樣綜觀來看，我甚至開始覺得病毒可能曾經是生物，只留下最低限度的基因排序給後代，其餘全部剔除，可說是「生物界首屈一指的極簡主義者」。事實上在微生物研究者之間，有人將病毒視為生物，也有人將它視為非生物，至今尚無定論。

內部簡單，外觀複雜

病毒的基本構造極為簡單。

不過雖然內部簡單，外觀卻非常複雜且多樣。呈球形、圓筒形，呈多面體，甚至有的形狀像某種太空船一樣複雜。最典型的病毒外觀為正二十面體。正二十面體是擁有最多面數的正多面體，從任何角度都很容易附著在標的細胞上。

病毒會劫持宿主細胞進行繁殖

受到病毒感染的生物稱為「宿主」。病毒侵入宿主體內吸附在細胞表面，這時就開始受到感染。一般的病毒會以被宿主細胞吃掉的形式侵入細胞。在細胞內，病毒的衣殼[15]會先被細胞的作用消化，釋放出核酸。

在細胞內部擴散的核酸會劫持整套宿主細胞的增殖系統，巧妙地挪用宿主細胞本應為己所用的機制，例如複製核酸、合成必需蛋白質等，並快速且大量地製造「子代病毒」的原料——核酸和蛋白質，再加以組裝。多數病毒在這個階段會發生若干的複製失誤，那會造成「變異」並製造出新型的子代病毒。不久，子代病毒累積到足夠的量，細胞膜就會迸裂，向外散播出子代病毒。

子代病毒以這種形式被猛烈地釋放出來後，宿主細胞便會立刻死亡，但也有不破壞細胞膜，靜靜地跑出細胞外的病毒。

受到感染不一定會出現症狀

病毒引起的傳染病有流行性感冒、腮腺炎、德國麻疹、麻疹、日本腦炎、愛滋病等，各式各樣。這些病毒是經由空氣、體液、嘔吐物、噴嚏等的飛沫，或是直接接觸造成感染。

感染部位也取決於病毒的種類，就算到達其他部位的細胞也無法造成感染。能否到達會受感染的細胞，完全看機運。細胞膜表面的蛋白質和病毒表面的蛋白質必須是同一型，才會造成感染。唯有在病毒碰巧到達的細胞擁有「同一型」蛋白質的情況下，感染才會發生。

不過，運氣好（對病毒而言）造成感染之後，並不會馬上發病。免疫系統的作用若能減緩病毒增殖的速度，發病前的潛伏期就會變長，這時病毒的增殖可能不會完全停止。另外，只要透過細胞分裂所產出的細胞比伴隨病毒增生而死亡的細胞速度更快，或是不相上下的話，便能夠抑制發病。

15：包覆在病毒核酸外圍的蛋白質外殼。

舉個例子來說，引起愛滋病的「ＨＩＶ（人類免疫缺乏病毒）」病毒是感染免疫系統的細胞。

一開始是感染蘭格漢氏細胞，進而擴散到全身；感染了免疫系統要角的輔助Ｔ細胞後，便會一口氣增生。病毒數量一時之間達到高峰，導致出現不適，但這時免疫系統會開始作戰，使病毒節節敗退，症狀也會消除。不過由於病毒並沒有徹底從體內消失，ＨＩＶ和免疫系統的戰鬥便在沒有自覺症狀的狀態下繼續進行。

長達多年不眠不休的戰鬥使免疫系統逐漸筋疲力竭，當ＨＩＶ的增殖能力勝過製造輔助Ｔ細胞的能力時，形勢便逆轉，愛滋病就會發病。

病毒促使人進化？

病毒研究的歷史尚淺，不過一百年左右。由於迫於情勢，有關致病性病毒的研究成為主流，因此一提到病毒時，總是給人有害的印象。

然而到了最近，我們慢慢得知，多數病毒不但不具致病性，而且還對生物的演化有很大的貢獻。

正如HIV感染了輔助T細胞後，便會將自己的基因編入使其弱化一樣，有些病毒確實具有將自己的基因編入宿主細胞的基因此一特性。研究人員解析人類遺傳訊息的結果，揭露了一半以上的遺傳訊息其實可能來自病毒的事實。

在研究更為進步的現在，人們開始了解到，像這樣的現象竟然也普遍可見。基因的傳承通常是由親代傳給子代，但不相干的物種之間偶爾也會發生基因轉移。而病毒多半是以「載體」的身分參與其中。假使今後能查明整個作用的全貌，相信人們對病毒的印象會一百八十度改觀，有關「生物演化」的看法也會大幅轉變。

33 何謂原生生物（變形蟲和藻類的同類）？

不是動物、植物也不是菌類的微生物

被稱為原蟲、黏菌、原生生物、藻等的微生物，全都是變形蟲和藻類的同類。我們在國、高中學過的微生物，包括草履蟲、眼蟲和新月藻等在內，大抵上都屬於這一類，我們將它們統稱為原生生物。其面貌之多樣，無法用三言兩語說明，正因為肉眼看不見，它們棲息在各式各樣的角落。池塘、沼澤自不用說，海洋裡、土壤中，就連動物的體內都有為數眾多的原生生物。

而且這些微生物並非只是悄悄地生活在環境中。它們偶爾也和細菌類、病毒等一樣，會附著在我們的身體引起疾病。

原生生物的構造

多數的原生生物都是只靠一個細胞維持生命的單細胞生物。不同於多細胞生物的細胞，區區一個細胞就必須發揮生存所需的所有功能，因此內部十分精巧。具備多項在一般動物細胞或植物細胞上看不到的特殊構造，以至於其全貌尚未明朗化。

相當於「嘴巴」、負責攝入食物的細胞口；作為消化食物的「胃」的食泡；像「尿尿」那樣排泄多餘水分的伸縮泡等，這些是多數原生生物共同可見的構造。有葉綠體會行光合作用的原生生物則有眼點，作為「眼睛」之用。許多原生生物的眼點很單純，只能感知光的方向，但也有些具備相當於「鏡片」和「視網膜」的部分。

原生生物巧妙的移動方式

正如讓人類展現體能極限的奧運為我們帶來視覺的享受和許多感動一般，原生生物的精髓即在於它的「移動方式」。

變形蟲家族是像史萊姆那樣具有彈性，可以自由變換身體的形狀。它們會伸出宛如手腳般的突起（偽足）四處攀附，再把整個身體拉過去似地移動。

展現巧妙移動方式的原生生物

原生動物

變形蟲

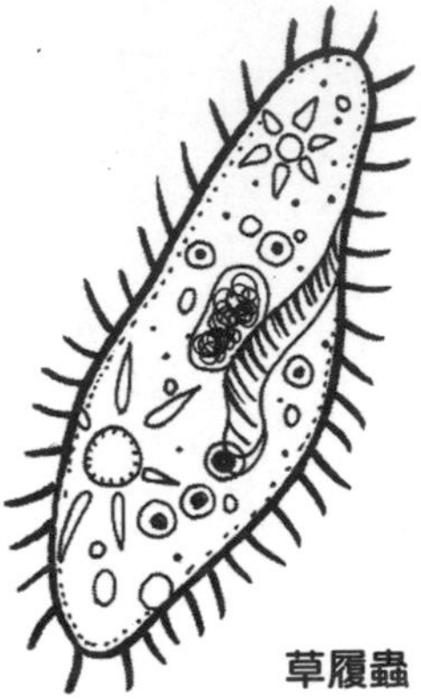

草履蟲

藻類

新月藻

眼蟲

草履蟲是細胞表面被無數的毛（纖毛）包覆著。這種毛和哺乳類的體毛不同，可以自由地運動。草履蟲會以連動方式讓無數的毛一根一根擺動，自由自在地在水中游來游去。

眼蟲家族則有一支或數支長長的角，可以像鞭子那樣甩來甩去，宛如船槳般藉著它來游動。此外，整個細胞被一層質地像肌肉的表膜包覆，可以扭動身軀跳動。

新月藻家族中，有些會從體內分泌黏液或類似「黏鳥膠」的物質黏住物體，像被拖著似地移動。

只要用顯微鏡觀察原生生物，這一個個巧妙的移動方式一定會吸引你的目光，激起你的好奇心。

可食用的原生生物？

原生生物確實是充滿特色的一群，粗略來說，可以分成變形蟲和草履蟲等以捕食為生的「原生動物」，以及眼蟲、新月藻這類行光合作用為生的「藻類」。其中，作為食材與我們切身相關的是藻類。

在藻類中，綠球藻和眼蟲（裸藻）等被人們視為健康食品加以利用。這些單細胞藻類和黃綠色蔬菜一樣含有維生素與礦物質，因而成為備受期待的健康輔助食品。

不過，早在這之前，我們就已經把藻類當作食品利用了。那就是海藻。昆布、裙帶菜、紫菜、羊栖菜等尤其是日本人的餐桌上不可或缺的食材，這些是多細胞的藻類，同時也是原生生物的同類。

34 微生物在生態系中的功用是？

微生物是生態系很重要的一員

一般認為，地球上的生命誕生於四十億年前左右。推測應該是由單一細胞組成、構造十分簡單的單細胞生物。大概在三十多億年前，利用太陽光的能量進行光合作用的藍藻在海洋中非常繁盛，它們吸收二氧化碳和水製造出有機物，同時也開始釋放出氧氣。

藍藻以單細胞生物的形態活在地球上，經過三十億年以上的時間後，由複數細胞組成的多細胞生物誕生。這是距今大約十億年前的事。

在那之後，海洋中開始有各式各樣的生物生息。大約在四億五千萬年前，植物進軍陸地，爾後動物接著上岸。不論在海洋中或陸地上，生物持續演化，大幅地擴增其物種。

於是，由以下三者構成的生態系逐漸形成。

・透過光合作用把無機物轉化成有機物的生產者（＝植物）

・以捕食為生的消費者（＝動物）

・將生物屍體和排泄物所含的有機物分解成無機物的分解者（＝微生物）

回歸大地

不論是人或人以外的動物、植物、微生物，凡有生命者終將死去。假使屍體一直原封不動地留存下來，現在地球上早已滿布生物的屍骸。而之所以未演變至此，是因為擔任分解者的微生物，最後會把這些屍骸分解成無機物，回歸塵土和大氣中。

那麼，微生物是如何讓生物回歸土地，目的又為何呢？

「土壤」到底是什麼？

土壤到處都有，但想要好好地介紹它卻頗為困難。岩石碎裂成的小石子和砂礫中混雜了黏土和有機物，有各式各樣的生物棲息其中，這就是土壤。話雖如此，土壤的成分和結構卻會因地點不同而大異其趣，無法隨便指出「這就是土壤」。

只要注意看森林的土壤便會發現，它可以分成好幾層。最上層覆蓋著樹木的落葉殘枝、枯草、動物的排泄物和屍體；其下是這些被細碎化後形成的有機質層；再下來是岩盤碎裂而成的砂礫和碎石層。

繼續往下深入的話，是有母岩之稱的岩石層，其下方則不包含在土壤內。微生物主要活躍在上面數來第二層的有機質層，我們稱它為腐植層。

微生物在腐植層的作用

枯萎的植物、動物的排泄物和屍體先是被蠼螋、甲蟲和蚯蚓這些大型土壤動物弄碎，剩下來的部分再由更小型的跳蟲和蜱蟎分解成粉末。而蚯蚓的職責尤其重大，牠們會把吃進體內的東西進一步磨碎，小到要用顯微鏡才看得見。蚯蚓和其他土壤動物的糞便呈黏糊狀，可以提供微生物豐富的營養。

沒有嘴巴和下顎的微生物，小小的軀體外側會分泌出消化液，將生命走到盡頭的動植物進行化學分解，再攝入細胞內。話雖如此，但並非所有微生物的作用都相同。舉例來說，某種菌類專門以枯木為食，它會慢慢地腐蝕掉堅固的木頭。而進一步將其分解至分子層級則是細菌的工作。

假使由人來做同樣的事，肯定是項大工程。清掃森林此一龐大事業，仰賴的就是微生物能夠各司其職、妥善分工。

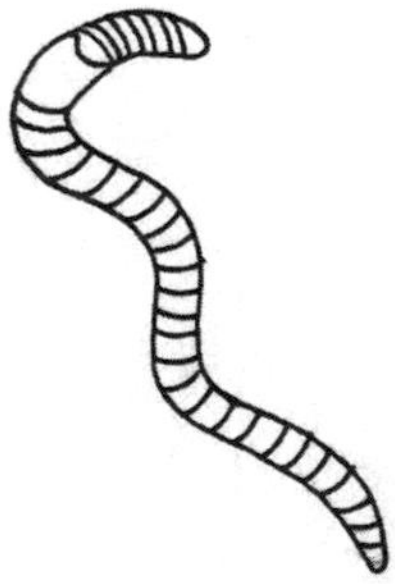

為了自己而做，同時也有益他人

微生物清除森林的垃圾是為了從中獲取養分，藉以為生。微生物將攝入的有機物分解成二氧化碳和水，並在過程中獲得賴以生存的能量。這和我們的細胞所進行的呼吸是相同的反應。

但另一方面，他們所肩負的並不只是清掃任務。其副產物會成為動植物生長發育不可或缺的養分。

腐植層的有機物含有氮、鉀、磷等動植物生存所需的成分。不過，動植物並無法直接利用「蚯蚓的糞便」中所含的這些成分。需要借助微生物的力量把糞便分解成更小的無機物回歸土壤之後，動植物才有辦法吸收。

〈動植物利用該成分前的運作機制〉

糞便分解後產生的無機物會溶入土壤的水分中

⬇植物的根部吸收該水分，利用當中所含的無機物製造出自身的有機物

⬇草食動物吃掉植物，使自己的身體成長

➡肉食動物吃掉草食動物，又被更大型的肉食動物吃掉……

像這樣形成食物鏈。體內貯存著無機物的微生物，有時也會成為動物的食物。

在自然的孕育下動植物最終也將化為枯死之物或排出之物，結果成為土壤動物或微生物的養分，因此從整體來看，這是一個巨大的循環系統。換句話說，微生物並非單純的清道夫，它們更肩負著資源回收的重責大業。

35 生物自然發生論被推翻

生物自然發生論——沒有親代也能蹦出來？

雷文霍克透過顯微鏡發現了微生物，其存在開始為人所知後，微生物是怎樣產生的？這個問題在科學家之間引發了論戰。

當時人們並不清楚微生物和海中生物等是如何誕生的。古希臘哲學家亞里斯多德（西元前四世紀）提出「鰻魚或蝦子等是從海底淤泥中自然生成的」，許多人都相信這樣的想法。這樣的自然發生論也體現在日文裡的「湧出孑孓」、「湧出蛆」等說法上。「湧出」這個字眼帶有「蟲子等乃自然發生」的意味。若是肉眼看不見的微生物，更是如此。

一七四五年，英國的生物學家尼旦（John Turberville Needham）以實驗證明了微生物的自然發生。他把羊肉汁裝入玻璃瓶用軟木塞塞住，連同瓶子一起放進燒熱的灰燼裡加熱，數天後檢查肉汁時，發現裡面有許多微生物。尼旦因此主張「微生物會自然發生」。

二十年後，義大利的植物學家斯帕蘭札尼（Lazzaro Spallanzani）做了同樣的實驗後，推導出完全相反的結論。他加熱了大約一個小時。斯帕蘭札尼認為尼旦的實驗之所以會有微生物發生，是因為加熱不充分，或是軟木塞未完全密封的緣故。尼旦對此提出反駁，認為斯帕蘭札尼的實驗加熱時間過長，導致瓶中的空氣變質，肉汁失去孕育生命的能力，才會沒有微生物。

一八五九年，法國著名的科學家普歇（Félix-Archimède Pouchet）進一步發表了證明微生物自然發生的研究。為了結束這場論戰，法國科學院出題懸賞：「請藉由設想周密的實驗，嘗試解決自然發生的問題」。

全心鑽研此問題的是當時正在進行發酵研究的巴斯德。

巴斯德在一八六一年提出一篇名為「自然發生論之探討」的論文，否定了自然發生論。

自然發生論認為只要有空氣，生物就會自然發生，因此需要證明就算有新鮮的空氣（進進出出），也不會出現自然發生的現象。

巴斯德使用的是頸部細長、如天鵝的脖子般彎曲成S型的燒瓶。他在燒瓶裡裝入五分滿的湯汁後進行加熱，湯裡的細菌會被殺死，瓶內的空氣則會變成水蒸氣散出。他一直加熱，直到煮沸的湯汁有大量的水蒸氣通過長長的頸部，從洞開的瓶口噴出。

接著再讓燒瓶慢慢降溫，水蒸氣凝結後，便會有新鮮的空氣通過燒瓶的頸部到達湯汁表面。這時，空氣中含有微生物的微粒子會卡在S型的管子中，但不會掉進湯汁裡。所以湯汁才能過了好個月都不會腐敗。然而，將靠近燒瓶瓶身的管子折斷後，微生物便能輕易地進入內部，結果湯汁就餿掉了。

日後也查明了普歇的實驗中所發生的微生物是耐熱性的芽孢所致。一部分的細菌在環境不適合繁殖時便會形成芽孢。芽孢的細胞結構很特殊，耐久性高，並對高溫、藥劑、乾燥等有很強的抵抗力，可以長期維持休眠狀態。當環境變得適合繁殖就會發芽，恢復原本的樣子。

自然發生論被推翻，讓食品腐敗和疾病原因的探究有了長足的進展。

36 追溯人類的過去竟是單細胞生物？

地球上最早的生物是？

自然發生論一被推翻，「那麼，最早的生物是如何誕生的？」便成了一大問題。

一九二〇年代，蘇聯（現在的俄羅斯）著名的生物化學家奧巴林（Alexander Ivanovich Oparin）對此問題提出了很重要的看法。

他主張，原始地球的海洋是一鍋溶入了各種有機物的「太古濃湯」，有機物在這鍋濃湯中不斷產生化學反應，愈變愈複雜，並朝向可與其他有機物相互作用的組織「進化」，最後演變成生命。即生命起源的「化學演化論」。

一九五三年，美國的史丹利・米勒（Stanley Lloyd Miller）認為，原始大氣是由甲烷、氨、氫氣、水蒸氣等所組成，於是將這些氣體封入玻璃容器中，接上高壓電進行放電。結果確認有胺基酸等有機物生成，顯示組成生命的有機物確實有可能產自原始大氣。

不過，之後隨著研究的進展，得知原始大氣是由二氧化碳、水蒸氣和氮氣等所組成，而非米勒假想中的原始大氣。就算在充滿二氧化碳、水蒸氣和氮氣的環境中產生高電壓的放電，也無法形成胺基酸等物質。不過有研究指出，如果加上宇宙射線的能量就有可能產生胺基酸。除此之外，由於已在隕石中發現生命活動不可或缺的糖，因此也有人猜測建構生命的原料是來自宇宙。

不過就算有了蛋白質和核酸（DNA和RNA），接下來是如何形成生命體的，依舊是個謎，科學家正繼續探究中。

在三十八億年前的礦物中發現生物痕跡

格陵蘭的「伊蘇阿」地區，大規模地露出距今三十八億年前形成的岩石。科學家在這裡找到了有關生物痕跡的化學證據。

另外，科學家也在澳洲西部發現了留有生物形貌、距今約三十五億年前的化石。它被認為是一種唯有用顯微鏡才看得到的小型細菌的微化石，這可以說是目前可信度最高的最古老化石。

因此一般認為，生物應該是在這之前的大約四十億年前就出現在地球上了。也就是四十六億年前，地球誕生，成為太陽系的行星之後，大約又過了六億年才出現。

我們細胞內的粒線體的祖先是？

地球上最早的生物（全體生物共同的祖先）誕生後大約三十億年的時間，一直是以單細胞生物的形態生活在海洋中。

一般認為最早的生物是原核生物，利用原始地球內部產生的氫氣和硫化氫來獲得能量。

原核生物最後分成兩大類群。其中一個是細菌（真細菌），活躍在我們的四周。

另一個是古細菌，例如棲息於海底熱泉噴發口的嗜熱菌、在深海和地底釋放出甲烷的甲烷菌等，對我們來說，它們生存的環境非常特殊。這些古細菌正是我們人類的祖先。包含人類在內的動植物的細胞裡，有個叫做粒線體的胞器。粒線體負責進行有氧呼吸，利用氧氣分解有機物，獲取生命活動所需的能量。此外，這裡存有粒線體特有的ＤＮＡ。

有一個有力的說法指出，粒線體原本是獨立的微生物。根據這個說法，粒線體原本是擁有自己的ＤＮＡ、行有氧呼吸的獨立細菌。後來被從古細菌演化出的真核生物（單細胞生物）吞噬，才變成在細胞內共生的粒線體。

原本獨立生活的原始細菌類被其他的細胞吞噬後與其共生，因而演化出粒線體的這個說法，被稱為細胞內共生說。

一般認為，植物葉子細胞內的葉綠體也是同樣的狀況。

就這樣，真核細胞不斷地變化，從單細胞生物邁向多細胞生物，朝更複雜的生物展開演化之路。

37 ＰＣＲ是檢驗細菌和病毒的優秀技術

嗜極生物帶來的優秀技術

在有關新型冠狀病毒感染症的一連串報導中，作為檢驗方法的「ＰＣＲ」一詞頻繁出現。ＰＣＲ是用來檢驗像這次的病毒感染或ＤＮＡ鑑定（基因鑑定）等的技術。

所謂的ＰＣＲ是Polymerase chain reaction的縮寫。Polymerase是ＤＮＡ聚合酶，chain reaction則是連鎖反應（連續的反應）的意思。ＰＣＲ在一九八三年被發明出來，之後過了一段時間才完成，屬於相對較新的一種檢驗方法，現在已是醫療現場、生物學研究上不可或缺的技術。使用這項技術即可無限地複製組成基因的核酸（ＤＮＡ和

RNA），只要極少量的樣本就能讀取遺傳訊息。

這麼令人讚嘆的方法，操作步驟卻相當簡單。將含有想複製的DNA片段的樣本、合成DNA的原料物質，以及加入DNA聚合酶的混合液加熱到將近一〇〇℃，然後讓它冷卻到差不多六〇℃，再次加熱到七〇℃左右。就只是這樣。短短幾分鐘的作業，便可以讓一條DNA變成兩條。只要一再重複操作，就能兩條變四條、四條變八條……，成倍數增加。使用自動調整溫度的機器會更簡單，只要一個小時就可以複製出十億倍的DNA。

不過，這個方法存在根本性的問題。DNA聚合酶的成分是蛋白質，加熱到接近一〇〇℃便會被破壞。正如水煮蛋再也變不回雞蛋一樣，遭到高溫破壞的蛋白質無法恢復原狀。因此必須每做完一次就追加DNA聚合酶。也就是說，它不會形成「連鎖（連續）反應」。

嗜極生物解決了這個問題。

「喜歡高溫環境的微生物，理當含有耐熱的DNA聚合酶」，PCR的開發者穆利斯（Kary Mullis）如此猜想。

當時已有科學家在美國黃石國家公園的溫泉中，找到喜歡高溫的細菌。穆利斯專注研究這種細菌，抽出DNA聚合酶進行實驗。

結果非常成功。由於方法實在很簡單，發明之初還很難被理解，但過沒多久這厲害的方法便得到認可，為生物學的研究帶來了「革命」。穆利斯憑著這項成就，在一九九三年獲得了諾貝爾化學獎。

利用PCR技術檢驗感染症

現今，PCR也被用於感染症的檢驗。二〇一九年開始在世界各地肆虐的新型冠狀病毒，便是採用以PCR為基礎的即時RT-PCR[16]方法進行檢驗。

前面已經提過，就基因來說，病毒可以分為DNA病毒和RNA病毒兩種。冠狀病毒屬於RNA病毒，一般的PCR技術並不能擴增基因，因此有必要先把RNA的

16：即Real-time Reverse Transcriptase polymerase chain reaction，即時反轉錄聚合酶連鎖反應。

遺傳訊息轉錄成DNA。我們稱它為反轉錄反應（RT）。

而所謂的「即時」一如字面上的意思，就是在擴增基因的同時讀取遺傳訊息。意即一面擴增一面解析採自患者的檢體是否含有病原體的遺傳訊息。

現在我們利用這樣的方法結合醫師的診察，可以極為順利且正確地查明引發感染症的病原體是什麼。

PCR引領微生物研究走向新階段

為了檢驗微生物，我們有時會把用棉花棒等採得的微生物放在鋪有洋菜培養基的培養皿上培養，觀察菌落擴大的情形。這是柯霍發明的「純粹培養」法，微生物研究的歷史從此揭開了序幕。

不過，用棉花棒沾取的微生物中，得以在培養基上順利長大的也只是極小的一部分，用這種方法能檢驗到的，也只限於此一種類的特徵和作用。不見得所有採集到的微生物都能培養成功，就連我們周圍土壤中的微生物，採集到一百個能不能培養出一個都很難說。當然也無法全盤掌握自然環境中的微生物與微生物是在怎樣的關係下，如何建構出一個複雜的世界。

進入一九九〇年代後，科學家應用ＰＣＲ的原理慢慢開發出微生物解析的新技術。例如，只要解析溶入河川或湖泊裡的ＤＮＡ，現在就連該水域中有哪些生物、比例如何都能得知。像這樣複雜的分析需要使用能大量且高速處理的技術，我們稱之為次世代基因定序技術（Next Generation Sequencing，ＮＧＳ）。

使用這種技術後我們開始重新體認到，世界上的微生物之多，超乎我們的想像。二十多年前，一般估計人體內的細菌數量約有十兆個，如今則認為超過一百兆個。由於一般認為人體有三十七兆個細胞，因此細菌的數量遠遠超過這個數字。

不管怎麼說，我們對微生物所組成的世界才剛開始有了粗淺的了解。要理解全貌，恐怕還有很長的路要走。菌類、原生生物、細菌類，以及病毒。與微生物有關的研究，現在好不容易才要跨出新的步伐。

參考文獻

左巻健男編著《図解　身近にあふれる「微生物」が3時間でわかる本》（明日香出版社）
左巻健男著《ウンチのうんちく　大便・おなら・腸内細菌のはなし》（PHP研究所）
左巻健男著《水の常識　ウソホント77》（平凡社）
南嶋洋一、吉田真一、永淵正法著《系統看護学講座　専門基礎分野　微生物学　——疾病のなりたちと回復の促進——》（醫學書院）
Bernard Dixon著，掘越弘毅譯《ケネディを大統領にした微生物　微生物にまつわる75の物語》（Springer-Verlag東京）
宮治誠著《人に棲みつくカビの話》（草思社）
加藤茂孝著《続・人類と感染症の歴史　一新たな恐怖に備える一》（丸善出版）
Sonia Shah著，夏野徹也譯《人類五〇万年の闘い　マラリア全史》（太田出版）
Anne Maczulak著，西田美緒子譯《細菌が世界を支配する　バクテリアは敵か？味方か？》（白揚社）
岡田春惠著《怖くて眠れなくなる感染症》（PHP研究所）
竹田美文著《感染症半世紀》（ICAM）
栗原堅三著《うま味って何だろう》（岩波書店）
青木皐著《人体常在菌のはなし　——美人は菌でつくられる》（集英社）
Ed Yong著，安部惠子譯《世界は細菌にあふれ、人は細菌によって生かされる》（柏書房）
HEALTHIST編輯部編《乳酸菌、宇宙へ行く》（文藝春秋）
Rob DeSalle、Susan L. Perkins、Patricia J. Wynne著，齊藤隆央譯《マイクロバイオームの世界　あなたの中と表面と周りにいる何兆もの微生物たち》（紀伊國屋書店）
中山茂著《野口英世》（朝日選書）
小泉武夫著《發酵　ミクロの巨人たちの神秘》（中公新書）
橋本秀夫著《これだけは知っておきたい　食中毒・感染症の基礎知識》（中央法規出版）
國立感染症研究所網站（https://www.niid.go.jp/niid/ja/）

撰文者簡介

※數字為執筆的章節編號

左卷健男

東京大學講師。理科老師、科學啟蒙作家。《RikaTan（理科探險）》雜誌總編。曾任東京大學教育學部附屬國、高中老師；京都工藝纖維大學、同志社女子大學、法政大學教職課程中心教授等職務。著作有《生活中的偽科學》、《深入學校的偽科學》（兩者皆為平凡社新書）、《有趣得讓人睡不著的人類演化史》（PHP研究所）等；中文譯作則有《圖解看不見的鄰居，微生物：3小時瞭解病毒與細菌》（十力文化）。

6、7、8、9、14、18、20、24、25、26、28、35、36

左卷惠美子

科學作家。SAMA企劃公司代表。在公立高中任教34年，之後在看護專門學校擔任講師2年。《RikaTan（理科探險）》撰文者。共同著作有《100個匪夷所思的人類遺傳》（東京書籍）、《新高中生物教科書》（講談社）、《大人重讀的國中生物》（SB Creative）等。

1、5、13、19、21、22、23、27

桝本輝樹

龜田醫療大學副教授。在保健醫療類教育機構教授資訊科學、生物學、環境科學等。《RikaTan（理科探險）》編輯委員。共同著作有《Windows上無異狀》（技術評論社）、《圖解　3小時搞懂身邊充斥的「科學」》（明日香出版社）等；共同中文譯作則有《圖解看不見的鄰居，微生物：3小時瞭解病毒與細菌》（十力文化）。

2、3、4、10、11、12、15、16、17

村山一將

北海道大學CoSTEP 11期修畢，科學技術解說員。曾任教於德國桐蔭學園、札幌創成高中等學校，2020年4月起擔任札幌日本大學國、高中教職員。共同著作有《破解國中3年份生物、地科有趣的65條法則》、《好想告訴人！有用的生物》（兩者皆為明日香出版社）、《那個元素有何用處？》（寶島社新書）等。

29、30、31、32、33、34、37

※以上書名皆為暫譯。

主宰人類興亡的推手

改變世界的微生物與傳染病

2021年7月1日初版第一刷發行

編　　著　左卷健男
譯　　者　鍾嘉惠
副 主 編　陳正芳
美術設計　竇元玉
發 行 人　南部裕
發 行 所　台灣東販股份有限公司
＜地址＞台北市南京東路4段130號2F-1
＜電話＞(02)2577-8878
＜傳真＞(02)2577-8896
＜網址＞www.tohan.com.tw
郵撥帳號　1405049-4
法律顧問　蕭雄淋律師
總 經 銷　聯合發行股份有限公司
＜電話＞(02)2917-8022

國家圖書館出版品預行編目資料

改變世界的微生物與傳染病：主宰人類興亡的推手 / 左卷健男編著；鍾嘉惠譯. -- 初版. -- 臺北市：臺灣東販股份有限公司, 2021.07
228面；14.7×21公分
譯自：世界を変えた微生物と感染症
ISBN 978-626-304-659-7(平裝)

1.微生物學 2.傳染性疾病

369　　110008616